中国重要农业文化遗产系列丛书

闵庆文 周 峰 ◎丛书主编

河北涉县旱作梯田系统

HEBEI SHEXIAN HANZUO TITIAN XITONG

焦雯珺 贺献林 闵庆文 主编

中国农业出版社
农村读物出版社
北 京

图书在版编目（CIP）数据

河北涉县旱作梯田系统／焦雯珺，贺献林，闵庆文主编．—北京：中国农业出版社，2019.12

（中国重要农业文化遗产系列丛书／闵庆文，周峰主编）

ISBN 978-7-109-27177-7

Ⅰ．①河… Ⅱ．①焦… ②贺… ③闵… Ⅲ．①旱作农业－梯田－农业系统－涉县 Ⅳ．①S157.3

中国版本图书馆 CIP 数据核字（2020）第 146416 号

河北涉县旱作梯田系统

中国农业出版社出版

地址：北京市朝阳区麦子店街 18 号楼

邮编：100125

责任编辑：程　燕　　　　文字编辑：张　丽

责任校对：吴丽婷

印刷：中农印务有限公司

版次：2019 年 12 月第 1 版

印次：2019 年 12 月第 1 次印刷

发行：新华书店北京发行所发行

开本：710mm × 1000mm　1／16

印张：13

字数：260 千字

定价：59.00 元

编写委员会

丛书主编：闵庆文　周　峰

主　　编：焦雯珺　贺献林　闵庆文

副 主 编：李禾尧　刘　洋　陈玉明　王海飞

参编人员（按姓氏笔画排列）：

王　英　王　昊　王玉霞　王丽叶　申杜鹃

刘东科　刘国香　孙　建　孙业红　李　星

李春杰　杨　芳　杨荣娟　张碧天　武文杰

周天财　郑　峰　贾和田

丛书策划：苑　荣　张丽四

序言一

我国是历史悠久的文明古国，也是幅员辽阔的农业大国。长期以来，我国劳动人民在农业实践中积累了认识自然、改造自然的丰富经验，并形成了自己的农业文化。农业文化是中华五千年文明发展的物质基础和文化基础，是中华优秀传统文化的重要组成部分，是构建中华民族精神家园、凝聚中华儿女团结奋进的重要文化源泉。

党的十八大提出，要“建设优秀传统文化传承体系，弘扬中华优秀传统文化”。习近平总书记强调，“中华优秀传统文化已经成为中华民族的基因，植根在中国人内心，潜移默化地影响着中国人的思想方式和行为方式。今天，我们提倡和弘扬社会主义核心价值观，必须从中汲取丰富营养，否则就不会有生命力和影响力”。云南红河哈尼稻作梯田系统、江苏兴化垛田传统农业系统、浙江青田稻鱼共生系统，无不折射出古代劳动人民吃苦耐劳的精神，这是中华民

族的智慧结晶，是我们应当珍视和发扬光大的文化瑰宝。现在，我们提倡生态农业、低碳农业、循环农业，都可以从农业文化遗产中吸收营养，也需要从经历了几千年自然与社会考验的传统农业中汲取经验。实践证明，做好重要农业文化遗产的发掘保护和传承利用，对于促进农业可持续发展、带动遗产地农民就业增收、传承农耕文明，都具有十分重要的作用。

中国政府高度重视重要农业文化遗产保护，是最早响应并积极支持联合国粮食及农业组织（FAO）全球重要农业文化遗产保护的国家之一。经过十几年工作实践，我国已经初步形成“政府主导、多方参与、分级管理、利益共享”的农业文化遗产保护管理机制，有力地促进了农业文化遗产的挖掘和保护。2005年以来，已有15个遗产地列入“全球重要农业文化遗产名录”，数量名列世界各国之首。中国是第一个开展国家级农业文化遗产认定的国家，是第一个制定农业文化遗产保护管理办法的国家，也是第一个开展全国性农业文化遗产普查的国家。2012年以来，农业部[①]分三批发布了62项“中国重要农业文化遗产”[②]；2016年，农业部发布了28项中国全球重要农业文化遗产预备名单[③]。此外，农业部于2015年颁布了《重要农业文化遗产管理办法》，2016年初步普查确定了具有潜在保护价值的传统农业生产系统408项。同时，中国对联合国粮食及农业组织的全球重要农业文化遗产保护项目给予积极支持，利用南南合作信托基金连续举办国际培训班，通过亚洲太平洋经济合作组织（APEC）、20国集团（G20）等平台及其他双边和多边国际合作，积极推动国际

① 农业部于2018年4月8日更名为农业农村部。
② 截至2020年7月，农业农村部已发布五批118项“中国重要农业文化遗产”。
③ 2019年发布了第二批36项全球重要农业文化遗产预备名单。

农业文化遗产保护，对世界农业文化遗产保护做出了重要贡献。

当前，我国正处在全面建成小康社会的决定性阶段，正在为实现中华民族伟大复兴的中国梦而努力奋斗。推进农业供给侧结构性改革，加快农业现代化建设，实现农村全面小康，既要借鉴世界先进生产技术和经验，更要继承我国璀璨的农耕文明，弘扬优秀农业文化，学习前人智慧，汲取历史营养，坚持走中国特色农业现代化道路。“中国重要农业文化遗产系列读本”从历史、科学和现实三个维度，对中国农业文化遗产的产生、发展、演变以及农业文化遗产保护的成功经验和做法进行了系统梳理和总结，是对农业文化遗产保护宣传推介的有益尝试，也是我国农业文化遗产保护工作的重要成果。

我相信，这套丛书的出版一定会对今天的农业实践提供指导和借鉴，必将进一步提高全社会保护农业文化遗产的意识，对传承好弘扬好中华优秀文化发挥重要作用！

农业部部长 韩长赋

2017年6月

序言一

自有人类历史文明以来，勤劳的中国人民运用自己的聪明智慧，与自然共融共存，依山而住、傍水而居，经过一代代努力和积累，创造出了悠久而灿烂的中华农耕文明，成为中华传统文化的重要基础和组成部分，并曾引领世界农业文明数千年，其中所蕴含的丰富的生态哲学思想和生态农业理念，至今对于世界农业可持续发展依然具有重要的指导意义和参考价值。

针对工业化农业所造成的农业生物多样性丧失、农业生态系统功能退化、农业生态环境质量下降、农业可持续发展能力减弱、农业文化传承受阻等问题，联合国粮食及农业组织（FAO）于2002年在全球环境基金（GEF）等国际组织和有关国家政府的支持下，发起了全球重要农业文化遗产（GIAHS）倡议，以发掘、保护、利用、传承世界范围内具有重要意义的，包括农业物种资源与生物多样性、传统知识和技术、农业生态与文化景观、农业可持续发展模式等在内的传统农业系统。

全球重要农业文化遗产的概念和理念甫一提出，就得到了国际社会的广泛响应和支持。截至2014年年底，已有13个国家的31项传统农业系统被列入GIAHS保护名录[①]。经过努力，在2015年6月结束的联合国粮食及农业组织大会上，已明确将GIAHS作为一项重要工作，纳入常规预算支持。

中国是最早响应并积极支持该项工作的国家之一，并在全球重要农业文化遗产申报与保护、中国重要农业文化遗产发掘与保护、推进重要农业文化遗产领域的国际合作、促进遗产地居民和全社会农业文化遗产保护意识的提高、促进遗产地经济社会可持续发展和传统文化传承、人才培养与能力建设、农业文化遗产价值评估和动态保护的机制与途径探索等方面取得了令世人瞩目的成绩，成为全球农业文化遗产保护的榜样，成为理论和实践高度融合的新的学科生长点、农业国际合作的特色工作、美丽乡村建设和农村生态文明建设的重要抓手。自2005年浙江青田稻鱼共生系统被列为首批“全球重要农业文化遗产名录”以来的10年间，我国已拥有11个全球重要农业文化遗产，居于世界各国之首[②]；2012年开展中国重要农业文化遗产发掘与保护，2013年和2014年共有39个项目得到认定[③]，成为最早开展国家级农业文化遗产发掘与保护的国家；重要农业文化遗产管理的体制与机制趋于完善，并初步建立了“保护优先、合理利用，整体保护、协调发展，动态保护、功能拓展，多方参与、惠益共享”的保护方针和“政府主导、分级管理、多方参与”的管理

① 截至2020年4月，已有22个国家的59项传统农业系统被列入GIAHS保护名录。

② 截至2020年4月，我国已有15项全球重要农业文化遗产，数量居于世界各国之首。

③ 2013年、2014年、2015年、2017年、2020年共有五批118项中国重要农业文化遗产得到了认定。

机制；从历史文化、系统功能、动态保护、发展战略等方面开展了多学科综合研究，初步形成了一支包括农业历史、农业生态、农业经济、农业政策、农业旅游、乡村发展、农业民俗以及民族学与人类学等领域专家在内的研究队伍；通过技术指导、示范带动等多种途径，有效保护了遗产地农业生物多样性与传统文化，促进了农业与农村的可持续发展，提高了农户的文化自觉性和自豪感，改善了农村生态环境，带动了休闲农业与乡村旅游的发展，提高了农民收入与农村经济发展水平，产生了良好的生态效益、社会效益和经济效益。

习近平总书记指出，农耕文化是我国农业的宝贵财富，是中华文化的重要组成部分，不仅不能丢，而且要不断发扬光大。农村是我国传统文明的发源地，乡土文化的根不能断，农村不能成为荒芜的农村、留守的农村、记忆中的故园。这是对我国农业文化遗产重要性的高度概括，也为我国农业文化遗产的保护与发展指明了方向。

尽管中国在农业文化遗产保护与发展上已处于世界领先地位，但农业文化遗产的保护相对而言仍然属于“新生事物”，仍有很多人对农业文化遗产的价值和保护重要性缺乏认识，加强科普宣传仍然有很长的路要走。在农业部农产品加工局（乡镇企业局）的支持下①，由中国农业出版社组织、闵庆文研究员及周峰担任丛书主编的这套“中国重要农业文化遗产系列读本”，无疑是农业文化遗产保护宣传方面的一个有益尝试。每本书均由参与遗产申报的科研人员和地方管理人员共同完成，力图以朴实的语言、图文并茂的形式，全面介绍各农业文化遗产的系统特征与价值、传统知识与技术、生态文化与景观以及保护与发展等内容，并附以地方旅游景点、特色饮

① 中国重要农业文化遗产工作现由农业农村部农村社会促进司管理。

食、天气条件等。可以说，这套丛书既是读者了解我国农业文化遗产宝贵财富的参考书，同时又是一套农业文化遗产地旅游的导游书。

我十分乐意向大家推荐这套丛书，也期望通过这套丛书的出版发行，使更多的人关注和参与到农业文化遗产的保护工作中来，为我国农业文化的传承与弘扬、农业的可持续发展、美丽乡村的建设做出贡献。

是为序。

李文華

中国工程院院士

联合国粮食及农业组织全球重要农业文化遗产指导委员会主席

农业部全球/中国重要农业文化遗产专家委员会主任委员

中国农学会农业文化遗产分会主任委员

中国科学院地理科学与资源研究所自然与文化遗产研究中心主任

2015年6月30日

前言

为了保护具有全球重要性的传统农业系统，联合国粮食及农业组织于2002年发起全球重要农业文化遗产（GIAHS）保护倡议。中国是最早响应并积极参与保护倡议的国家之一，截至2020年1月底，先后有15个项目被列入全球重要农业文化遗产名录，数量位居世界各国之首。为加强我国重要农业文化遗产的挖掘、保护、传承和利用，农业部（现农业农村部）于2012年开始中国重要农业文化遗产（China-NIAHS）发掘与保护工作。截至2020年1月底，共分五批发布了118项中国重要农业文化遗产。河北涉县旱作梯田系统于2014年被认定为第二批中国重要农业文化遗产，并于2016年入选第二批中国全球重要农业文化遗产预备名单。

河北涉县旱作梯田系统是当地先民通过适应和改造艰苦的自然环境发展并世代传承下来的山区雨养农业系统。经过长期的演化，石堰梯田与山顶的森林和灌丛、山谷的村落和河流形成了复合生态系统，不仅为当地人们提供了丰富多样的食物来源，而且具有重要的水土保持、生物多样性保护、养分循环等生态功能。当地人们充分利用当地丰富的食物资源，形成了“藏粮于地”的耕作技术、“存粮于仓”的贮存技术和“节粮于口”的生存技巧，有力保障了粮食安全、生计安全和社会福祉。当地人们在生产生活中，创造了独具特色的农耕技术，形成了饮食文化、石文化、驴文化、民俗文化等丰富多样的文化形式，使得遗产系统千百年来活态传承，成为中国北方山地旱作农耕文化的典型代表。然而，随着社会经济的快速发展，涉县旱作梯田系统的保护与传承也面临着旱涝等灾害频发、农村青壮年劳动力流失以及化肥农药大量使用和集约化、单一化种植等现代农业技术冲击问题。

本书是中国农业出版社策划的“中国重要农业文化遗产系列读本”之一，有助于读者了解河北涉县旱作梯田系统形成与演化历史、得以延续的原因及当前所面临的威胁与挑战，也有助于提高全社会对重要农业文化遗产及其价值的认识和保护意识。全书包括九部分：“引言”简要介绍了涉县旱作梯田系统的概况；“寻踪：太行深处的旱作梯田”介绍了涉县的基本情况以及旱作梯田系统的起源与演变；“存续：石灰岩山区的生计支撑”介绍了旱作梯田系统里丰富多样的农产品及其生计支撑作用；“共栖：天人合一的生态智慧”介绍了旱作梯田系统在生物多样性保护、水土保持、养分循环等方面的生态作用；“熟稔：历久弥新的农业技术”介绍了当地人们创造的具有地方特色的传统知识与技术体系；“钟秀：绚丽多彩的梯田文化”介绍了当地丰富多样的文化习俗及当地人们的价值体系；“奇绝：磅礴壮观的梯田景观”介绍了旱作梯田系统的分布特征、景观结构及特点；“问道：面向未来的发展之路”介绍了这一重要农业文化遗产当前面临的威胁与挑战以及保护与发展对策；“附录”部分提供了遗产保护大事记、遗产地旅游资讯和全球/中国重要农业文化遗产名录。

本书是在河北涉县旱作梯田系统的全球重要农业文化遗产申报

文本和保护与发展规划基础上，通过进一步调研编写完成的，是集体智慧的结晶。全书由焦雯珺、贺献林、闵庆文设计框架，焦雯珺、贺献林、闵庆文、李禾尧、刘洋、陈玉明、王海飞统稿。本书在编写过程中得到了李文华院士的具体指导、农业农村部农村社会事业促进司、河北省涉县人民政府及有关部门和乡镇的大力支持，在此一并表示感谢！

由于水平所限，难免存在不当之处，敬请读者批评指正。

编者

2020年2月5日

目录

河北涉县旱作梯田系统

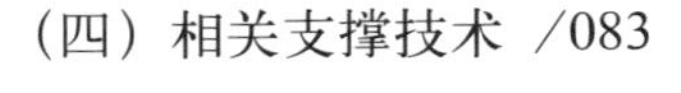

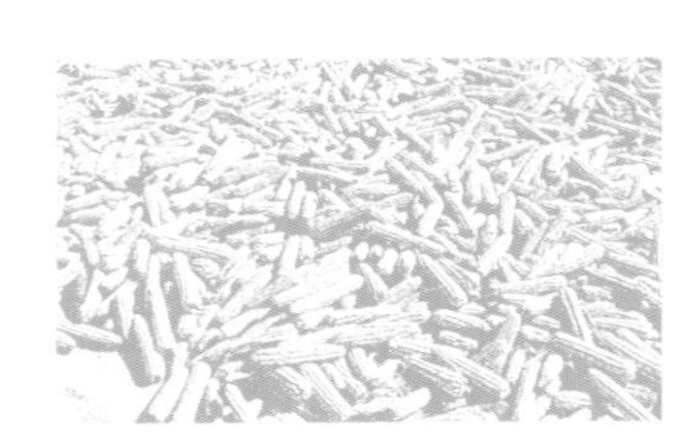

引言

梯田是劳动人民在农业生产实践中创造的一种行之有效的水土保持措施。梯田修筑历史悠久，普遍分布于世界各地，尤其是地少人多的山丘地区。我国是世界上最早修筑梯田的国家之一，以数量多、分布广、历史久而闻名于世。

涉县位于太行山东麓，河北省西南部、邯郸市西部，地处山西、河北、河南三省交界处。这里是中原旱地粟作农业文化圈的核心区域，距拥有8 000年文明史的磁山文化发祥地仅40千米，距历史文化名城邯郸不过100千米，与世界文化遗产地、3 000年前即是帝都的安阳也不过100千米。自元代以来，人们为了躲避战乱，在“山高坡陡、山多地少、石厚土薄、水源贫乏”的石灰岩山区，将源远流长的粟作农业与保持水土的梯田工程巧妙结合，沿着陡峭的山势修筑了大量石堰梯田，创造了举世瞩目的旱作梯田系统。

位于涉县东南端的井店镇、更乐镇和关防乡，分布着最具规模、最具代表性的石堰梯田，是中国重要农业文化遗产“河北涉县旱作梯田系统”的核心区域。遗产地的石堰梯田具有“石堰规整、分布密集、规模宏大”等特点，是太行山区乃至我国北方山区旱作梯田的典型代表。

涉县旱作梯田系统是当地先民巧夺天工，不断适应环境、改造环境，使不断增长的人口、逐渐开辟的山地梯田与丰富多样的食物资源长期协同进化，在缺土少雨的北方石灰岩山区创造出的独特的山地雨养农业系统和规模宏大的石堰梯田景观。经过长期的演化，梯田与山顶的森林和灌丛、山谷的村落和河流形成了复合生态系统，不仅为当地人们提供了丰富多样的食物来源，而且具有重要的水土保持、生物多样性保护、养分循环等生态功能。

涉县是中国核桃之乡、中国花椒之乡，其品质闻名遐迩。除花椒、核桃外，梯田中还出产小米、玉米、大豆、黑枣等农林产品。涉县旱作梯田系统不仅具有丰富的农业生物多样性，而且拥有丰富的品种多样性，目前仍在种植的地方品种中，有谷子28个、玉米7个、大豆7个、花椒5个、黑枣5个。人们充分利用当地多样化的作物与品种资源，形成了“藏粮于地”的耕作技术、“存粮于仓”的贮存技术和“节粮于口”的生存技巧，有力保障了当地人们的粮食安全、生计安全和社会福祉。

涉县旱作梯田系统见证了中国北方旱作农业的发展，也在太行山区乃至中国北方留下了浓厚的文化印记。当地人们在生产生活中，创造了独具特色的农耕技术，形成了丰富多样的文化习俗，使得遗产系统千百年来活态传承，从未发生过间断，一直维持着资源匮乏的石灰岩山区的农业生产。涉县旱作梯田系统充满着传统农业的智慧，代表着中国北方旱作农耕文化的精华，对于生态文明建设、农业可持续发展、乡村振兴等均具有重要意义。也正因为如此，河北涉县旱作梯田系统于2014年被农业部认定为第二批中国重要农业文化遗产，并于2016年入选第二批中国全球重要农业文化遗产预备名单。

中国重要农业文化遗产牌匾（涉县农业农村局/提供）

一

寻踪：太行深处的旱作梯田

河北涉县旱作梯田系统

如果说稻作梯田是一位柔美的南方少女，傍水而生，体态婀娜，娉娉婷婷，独具南方丰沛的雨水孕育而来的婉约风情；黄土高原上的梯田是一位粗犷的北方大汉，叠黄土而成，层次分明，气势磅礴。那么涉县的石堰梯田如同一位端庄硬朗的少年，依山而立，石堰线条流畅，棱角分明，一石一土间尽显活力。

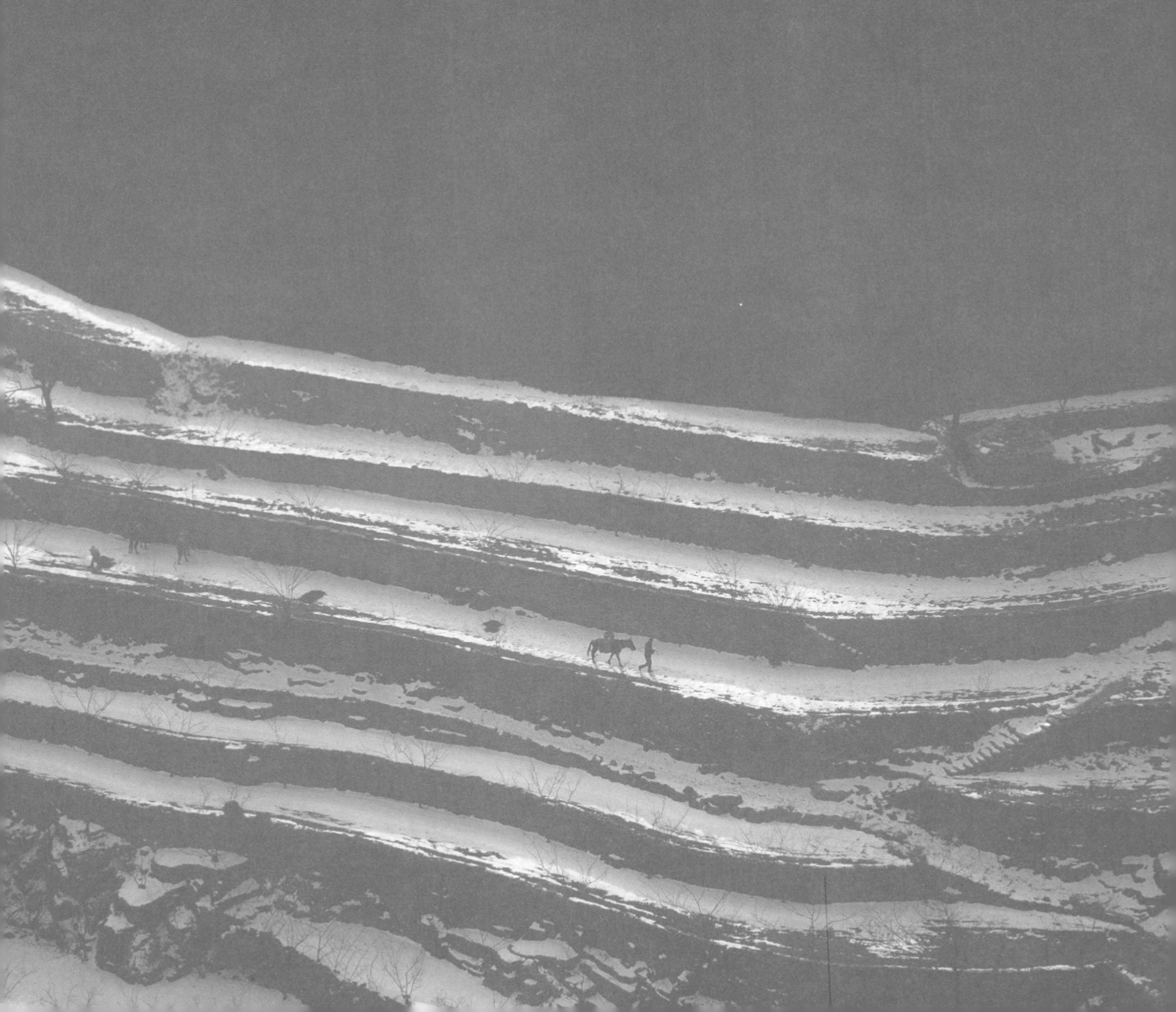

（一）涉山涉水觅仙境

1．巍巍太行山

太行山以他的磅礴气势，雄踞在河北省、河南省和山西省之间，是中国东部地区的重要山脉和地理分界线。北起北京关沟，南止于黄河谷地，西接山西高原，东临华北平原，呈东北—西南走向，绵延400多千米，宽约100千米。以中山为主，平均海拔在1 000米以上。海拔2 000米以上的高峰有小五台山、灵山、太白山、东灵山、南培山、曲阳山、白石山等。煤炭资源丰富，且有铁、铜、钼、金、钨等金属。

巍巍太行矗立在中国的北方，古今多少诗人留下赞美他的诗句。陈毅同志曾在《过太行山书怀》中生动地描绘太行的雄姿："太行山似海，波澜壮天地。山峡十九转，奇峰当面立。"

巍峨的太行山旱作梯田（涉县农业农村局/提供）

险峻的太行山旱作梯田（从延春/摄）

太行山是黄土高原和华北平原的天然分界线。北宋杰出的科学家沈括看到太行山的山崖之间“怯怯御螺贝壳及石子如鸟卵者，横亘石壁如带”，经研究得出“此乃昔日之海滨，今东距海已近千里”。现代地质研究证实了他的论断。在6亿年以前，太行山地区是一片汪洋大海，后来经过频繁的地壳活动，太行山脉逐渐隆起。后又与东西的华北大平原断裂，形成太行东部陡峭、西部徐缓的地貌形态。

2．因涉水得名

涉县位于太行山东麓，河北省西南部，晋冀豫三省交界处，在北纬36°17′～36°55′，东经113°26′～114°00′，地势自西北向东南缓慢倾斜，属暖温带半湿润大陆性季风气候。涉县国土总面积1 509平方千米，辖1个街道、9个镇、8个乡，有漳河及其支流清漳河、浊漳河。千百年来，当地人从事劳作，相互往来，都离不开跋山涉水，久而久之，这里因涉水而得名。

涉县旱作梯田系统位于河北省涉县东南端的井店镇、更乐镇和关防乡，涉及井店镇15个行政村、更乐镇15个行政村以及关防乡全部16个行政村，共计46个行政村。遗产地土地总面积204.35平方千米，其中石堰梯田面积27.68平方千米（约2 768公顷）。

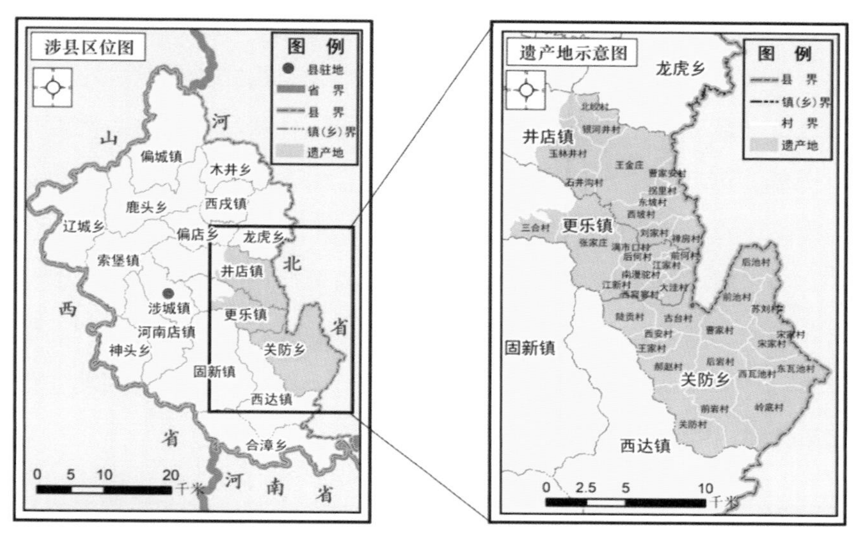

遗产地地理位置（杨荣娟、刘洋／绘）

遗产地四季分明，降水集中，雨热同季，干寒同期。年平均降水量540.5毫米，但70%集中在夏季，因此当地一方面水资源量不足，另一方面每年7～8月又洪涝灾害频发。遗产地海拔介于

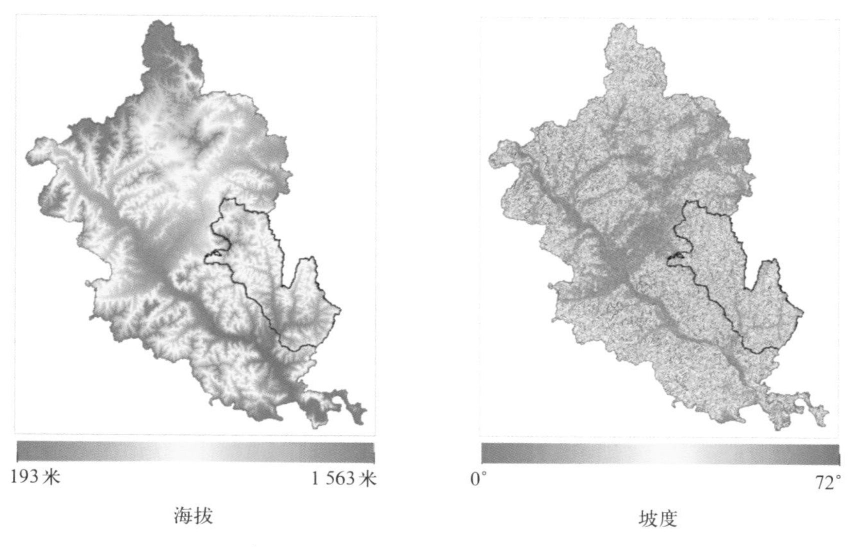

涉县地形特征（杨荣娟、刘洋／绘）

350～1 150米，坡度最大达66°，由中山、低山、河谷等地貌类型组成。境内基岩大部分为石灰岩，易受溶蚀，固物能力较低，上层土壤易被冲刷流失，导致土壤层薄、不连续，且基岩裂隙多，渗漏现象严重。可见，遗产地具有“山高坡陡、山多地少、石厚土薄、水源贫乏”的生态环境特征。

为了减少水土流失、获得尽可能多的可耕作土地，当地人们沿着陡峭的山势修筑了大量石堰梯田。遗产地的石堰梯田具有“石堰规整、分布密集、规模宏大”等特点，是太行山区乃至我国北方地区旱作梯田的杰出代表。

遗产地石堰梯田（涉县农业农村局/提供）

2017年，涉县总人口426 320人。井店镇、更乐镇和关防乡的总人口85 318人，其中劳动力44 035人，占比51.6%；农业劳动力9 582人，占劳动力总人数的21.8%。井店镇、更乐镇和关防乡的农业劳动力分别为2 472人、2 682人和4 428人，分别占当地劳动力总人数的11.6%、21.0%和44.6%。关防乡是三个乡镇中农业劳动力比重最高的乡镇，也是从事农业劳动力人数最多的乡镇。

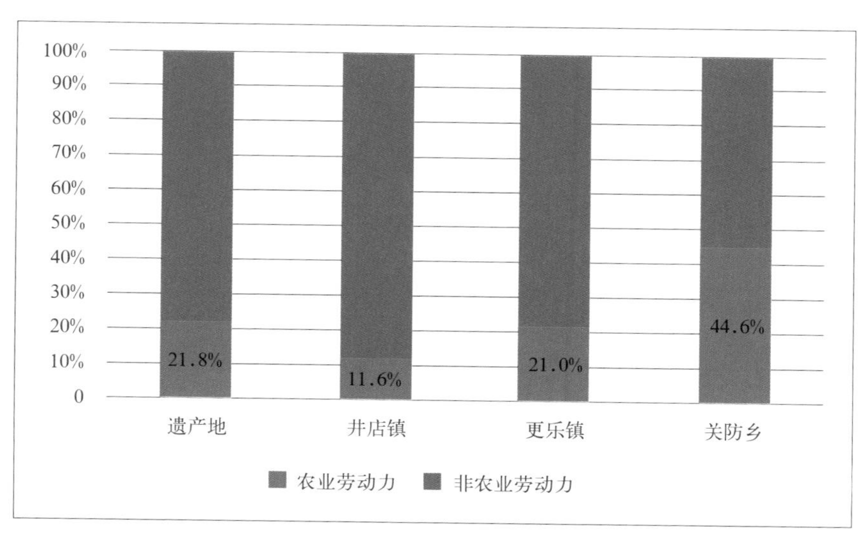

2017年遗产地及各乡镇劳动力组成差异（焦雯珺/绘）

2017年3个乡镇的农林牧渔业增加值为18 852万元，其中农业增加值占比61.4%，其次是牧业33.3%和林业4.9%。农牧业是遗产地农业的主要构成，二者对农林牧渔业增加值的贡献达94.7%。

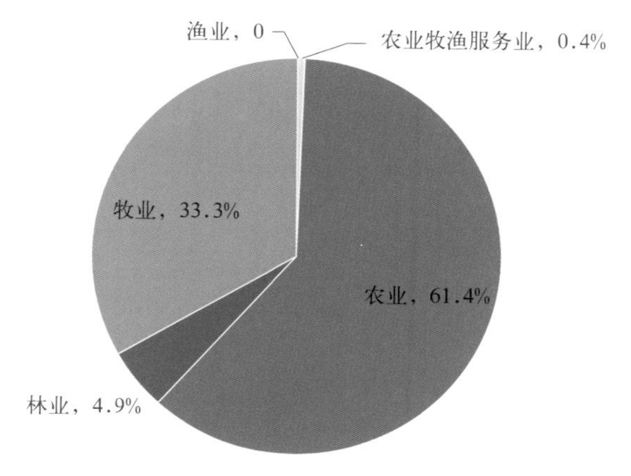

2017年遗产地农林牧渔业构成（焦雯珺/绘）

（二）考经据典溯渊源

1. 历史起源

太行山地区是中国古代文明的发祥地之一。位于太行山深山区的涉县具有上千年的悠久历史。2005年，联合国地名专家组中国分部授予涉县“千年古县”中国地名文化遗产荣誉称号。

涉县获“千年古县”荣誉称号
（涉县农业农村局／提供）

清代嘉庆四年（1799年）编纂的《涉县志》记载：“据考，更乐村东北现有小寨沟，即旧传战国赵简子避兵处。”当时由于屯兵驻守、边陲移民的需要，先民们在远离漳河的山脚旱地进行原始的农业生产活动。据此推断，石堰梯田附近人类活动可考的历史最早可追溯到战国时期，距今约2 500年。

王金庄村全貌（涉县农业农村局／提供）

自战国时期至宋元时期，连年的战乱迫使流民逃入太行山深山区。他们修筑山寨，开凿石堰梯田。涉县境内现留存的王金庄康崖寨等多处古山寨遗址，均为先民在宋朝所建造。这些古山寨遗址一方面说明在南宋初期已有大量人群居住在偏远山区，另一方面也证明当时已有成熟的“毛石垒砌”技术。

根据石堰梯田附近村落的历史考证，自元代起，定居聚落已陆续出现在石堰梯田附近。王金庄村是以石堰梯田立村较早的村落之一，其石堰梯田历史最晚可以追溯到元二十七年（1290年）。

2. 历史演变

外部人口的迁入是石堰梯田规模扩大的推动力之一。在不同的历史时期，以石堰梯田为基础的新建村落数量、新开垦梯田面积、新增常住人口数量呈现出不同的特点（表1）。总的来看，涉县石堰梯田的演变历程大致经历了元末明初的发展初期、清朝中后期的规模发展期、新中国成立前后至农业学大寨的质量提升期以及当代城镇化背景下的威胁挑战期。

表1 涉县以石堰梯田立村的建村历程

时期	新增村落数量（个）	新开垦石堰梯田面积（亩）	新增常住人口数量（人）
1271—1368年（元代）	7	7 600	6 896
1368—1457年（明初）	75	68 712	53 991
1457—1505年（明成化年间）	19	13 933	11 484
1506—1565年（明嘉靖年间）	23	16 404	14 507
1566—1620年（明末）	13	8 450	6 398
1616—1661年（清初）	19	9 907	8 563
1661—1735年（清康熙、雍正年间）	32	18 762	16 156
1735—1795年（清乾隆年间）	33	11 114	9 214
1796—1850年（清嘉庆、道光年间）	74	9 950	5 566
1850—1911年（清末）	98	11 579	8 999
1911—1961年（民国至新中国）	21	1 327	1 156

发展初期（1271—1661年）：经历了元明之际朝代更迭的社会动荡，北方大量流民涌入太行山区谋求生计，使得明代初期的村落数量与常住人口数量得到增长，石堰梯田开垦面积显著增加。

规模发展期（1661—1911年）：清朝统治者为石堰梯田的发展提供了稳定的社会环境与较为连续的农业发展政策，持续的人口流入保证了梯田开垦面积的增长与村落数量的增加。

质量提升期（1911年至20世纪80年代）：民国末期至20世纪80年代，在国家土地改革政策的影响下，涉县开展了持续的梯田开垦与整修运动，并增厚土层、培肥地力，显著提高了梯田土壤质量与山顶绿化率。

威胁挑战期（20世纪90年代至今）：城镇化与商品化发展为石堰梯田的保护带来诸多威胁与挑战，如自然村落数量明显减少、耕地面积缩减、土壤肥力下降等。

发展初期	规模发展期	质量提升期	威胁挑战期
•元明之际的朝代更迭	•稳定的社会环境	•国家层面的土地改革政策	
•外地贫农的迁入	•持续利好的农业发展政策	•本地持续开垦的土壤质量	•城镇化与商品的发展
	•清朝统治者鼓励土地开垦，促进山区梯田开发	•提升运动	
1271—1661年	1661—1911年	1911年至20世纪80年代	20世纪90年代至今

涉县石堰梯田历史发展阶段（李禾尧/绘）

3．历史作用

长期以来，涉县旱作梯田系统代表着中国北方山区旱作农业的发展历史与成就。一方面，涉县旱作梯田系统千百年来吸纳了政策移民、避战与逃荒难民等大量外来人口，成为他们维持生计的重要空间。当地人在长期的农业生产实践中选育出传统旱区作物品种、形成了传统知识技术体系以及与之相伴的农耕民俗文化，这在当地乡村社区抵御外来干扰因素中起到关键性作用，从而保障了生计的稳定与可持续。

晒柿子的妇女（涉县农业农村局／提供）

另一方面，涉县旱作梯田系统千百年来保障了山区生态环境，是中国北方旱作农业地区生态治理的典范。当地人在对山区自然环境长期适应的基础上，通过开辟梯田、修整坡面，在石堰边栽植花椒树、在山顶植树造林等治理措施，有效地防止了太行山区因坡面陡峭而产生的水土流失，并减少了滑坡、泥石流等自然灾害的发生。

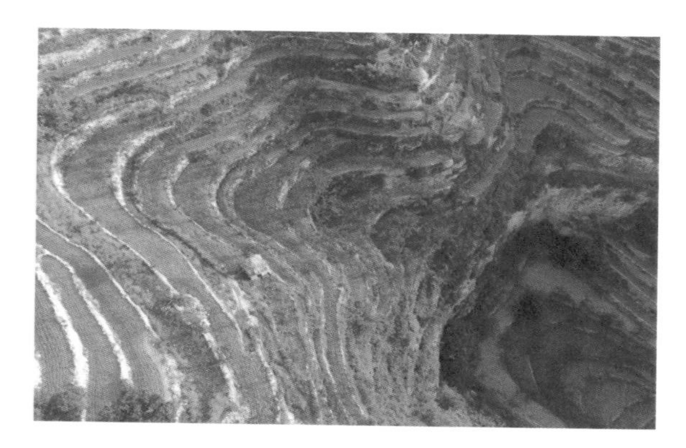

旱作梯田纹理（王虎林／摄）

（三）震古烁今立万世

1. 独特性

我国地域辽阔，农耕文化历史悠久，是世界上最早修建梯田的国家之一，梯田以数量众多、历史悠久而著名，梯田的形态也随地

理环境的不同而有所差异。

我国南方主要为稻作梯田，种植的主要作物为水稻，生长季田间通常有浅水覆盖。稻作梯田傍水而生，沿山地盘旋而上，线条流畅、形态优雅，得益于丰沛的降水和便利的灌溉条件，田间充足的水源令稻作梯田宛若平整光滑的镜面。著名的稻作梯田包括云南红河哈尼梯田、广西龙胜龙脊梯田、福建尤溪联合梯田、江西崇义客家梯田、湖南新化紫鹊界梯田等。

云南红河哈尼稻作梯田（江沛／摄）

我国北方降水稀少，梯田以旱作梯田为主，主要种植作物包括小麦、豆类、玉米等耐旱作物。西北陕甘宁地区黄土高原上的梯田是我国北方旱作梯田的典型代表之一。黄土高原海拔高、气候寒冷、自然条件恶劣，人们充分利用当地丰富的黄土资源，以土作埂，平整土地，有效减少了当地的水土流失。水平梯田在黄土高原的丘陵沟壑间堆叠而起，弧线完整连续，遍布墚上峁顶，被誉为“黄土高原上的金字塔”。

黄土高原梯田（杨磊／摄）

涉县的石堰梯田作为是我国北方旱作梯田的另一杰出代表，与南方傍水而生的稻作梯田和西北黄土高原上叠土而成的梯田在形态上有着明显的差异。涉县的石堰梯田分布在太行山深山区，这里降水稀少、土层稀薄、石灰岩资源丰富。石堰梯田依山而立，在石灰岩山坡上“叠石相次，包土成田”。当地人民以高超的技艺利用石块垒砌成梯田的石堰和梯田底基，整齐有序的石堰成为涉县最为典型的形态特征。梯田自沟谷起，绕山地而上，止于山顶坡度陡峭处，一条条灰白色的石堰首尾相连，镶嵌在层次分明的田块之间，形态各异，棱角分明。

涉县石堰旱作梯田（贺献林／摄）

涉县石堰旱作梯田远貌（贺献林／摄）

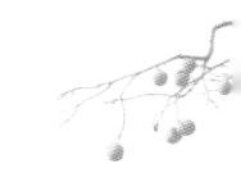

与世界上其他梯田系统相比（表2），涉县旱作梯田系统是在降水量不足550毫米的石灰岩山区修建的。由于“山高坡陡、山多地少、石厚土薄、水源贫乏”的自然环境特征，当地人们修建了保土保水的石堰梯田，并利用花椒树稳固石堰；种植适应能力强、增产潜力大的谷子、豆子、玉米等旱地作物，并选育出丰富多样的耐旱、抗病、抗逆性强的作物品种；修建水柜、水窖、水库等集雨蓄水设施，并采取保土保墒的传统耕作技术，以应对频繁发生的旱涝灾害；选择耐力持久、爬坡能力强的毛驴作为运输和劳作的重要工具，并通过秸秆过腹还田实现地力维持。

表2　与中国及世界其他梯田系统的对比

特征梯田	云南红河哈尼稻作梯田系统	菲律宾伊富高梯田	意大利阿西西－斯波莱托陡坡橄榄种植系统	河北涉县旱作梯田系统
地理位置	22°55′N，102°59′E	16°84′N，121°00′E	46°48′N，12°83′E	36°38′N，113°65′ E
海拔高度	680～2 000 米	800～1 500 米	200～600 米	400～1 200 米
气候特征	亚热带季风气候，年降水量平均800～1 300毫米，年平均气温约15℃	热带雨林气候，年降水量平均2 000～3 000毫米，年平均气温约27℃	地中海气候，年降水量平均800～1 100毫米，年平均气温约13℃	温带大陆性季风气候，年降水量平均540毫米，年平均气温约12.3℃
历史长度	约1 300年	约2 200年	约1 100年	约750年
田埂类型	泥土	泥土	泥土／石块	石块
作物种植	以灌溉作物为主，如水稻、香蕉、橡胶、甘蔗等	以灌溉作物为主，如水稻、豌豆、芒果等	以灌溉作物为主，如橄榄、葡萄、大炮洋葱、黑芹菜等	以旱作作物为主，如谷子、玉米、花椒、豆类等
灌溉特点	主要依靠大气降水与山顶水源林，形成沿海拔从高到低的梯级灌溉与排水体系		主要依靠大气降水与山泉水，形成沿海拔从高到低的梯级灌溉与排水体系	主要依靠大气降水，形成以土壤蓄水、“水库－水柜－水窖”贮水为代表的集雨蓄水体系

注：整理自联合国粮农组织网站。

2. 重要性

涉县旱作梯田系统是全球重要农业文化遗产，能够为消除贫困、消除饥饿、可持续城市和社区等联合国可持续发展目标的实现贡献自己的力量。

全球山区水土资源利用的典范

涉县旱作梯田系统历经千百年活态存续，其生存智慧集中体现在当地人对水土资源的合理利用上。修建与维护石堰梯田、修建集雨蓄水设施，为遗产系统提供重要的硬件保障；通过采用“保水保土、养地用地”的传统耕作方式，在实现水土保持的同时，保证梯田地力不退化，有效解决了当地缺水缺土和降水不均的问题。

全球可持续生态农业的典范

涉县旱作梯田系统是典型的山地雨养农业系统。当地人通过培育丰富的抗逆性作物品种，在控制病虫害的同时，实现粮食收成稳定，并提供了多样化的食物，满足当地人的营养需求。通过采用秸秆过腹还田等养分循环技术，既实现了梯田资源的可持续利用，又有效保障了土壤肥力，为梯田作物的持续产出提供保障。时至今日，石堰梯田仍发挥着重要的农业生产功能，为当地人提供稳定的生计支持，是可持续农业、生态农业、循环农业的典范。

王金庄村石板巷（涉县农业农村局／提供）

中国北方旱作农耕文化的代表

涉县旱作梯田系统的农耕文化非常深厚，无论是在生产方式上还是在日常生活中都有深刻的文化烙印，在太行

山区乃至中国北方留下了浓厚的文化印记。当地人们在生产生活中，创造了独具特色的农耕技术，形成了丰富多样的文化习俗，使得遗产系统千百年来活态传承，历史上从未发生过间断。遗产系统的价值体系充满着传统农业的智慧，代表着中国北方旱作农耕文化的精华。

涉县太行山旱作梯田系统在生计、生态、文化、景观等方面的突出价值，对我国的生态文明建设、农业可持续发展、乡村振兴等亦具有重要意义。

推进生态文明建设

涉县旱作梯田系统具有突出的水土保持能力。遗产系统的保护与发展不仅能够减轻太行山区的水土流失，减少滑坡、泥石流等自然灾害的发生，而且能够为当地人们创造良好的生产生活环境。

推动农业可持续发展

涉县旱作梯田系统是可持续循环农业的典范。遗产系统的保护与发展不仅有助于实现长期稳定且多样化的食物生产，保障当地人们的粮食安全和营养需求，而且对于遗产地的资源利用与可持续发展具有重要作用。

促进乡村振兴

涉县旱作梯田系统是多功能农业的典型代表。遗产系统的保护与发展不仅可以开展绿色有机农产品的生产与加工，促进品牌化建设与产品价值提升，而且可以发展休闲农业与可持续旅游，促进遗产地农民增收和区域经济发展。

被石堰梯田围绕的村庄（涉县农业农村局／提供）

二

存续：石灰岩山区的生计支撑

河北涉县旱作梯田系统

丰富多样的粮食作物、经济作物和经济林果，不仅为当地人们提供了丰富的食物，而且保存了大量珍贵的地方品种资源。多样化的食物和多样化的品种使人们在面对旱灾、涝灾等自然灾害时拥有更多的选择，从而保障了遗产地的粮食安全和当地人们的生计安全。

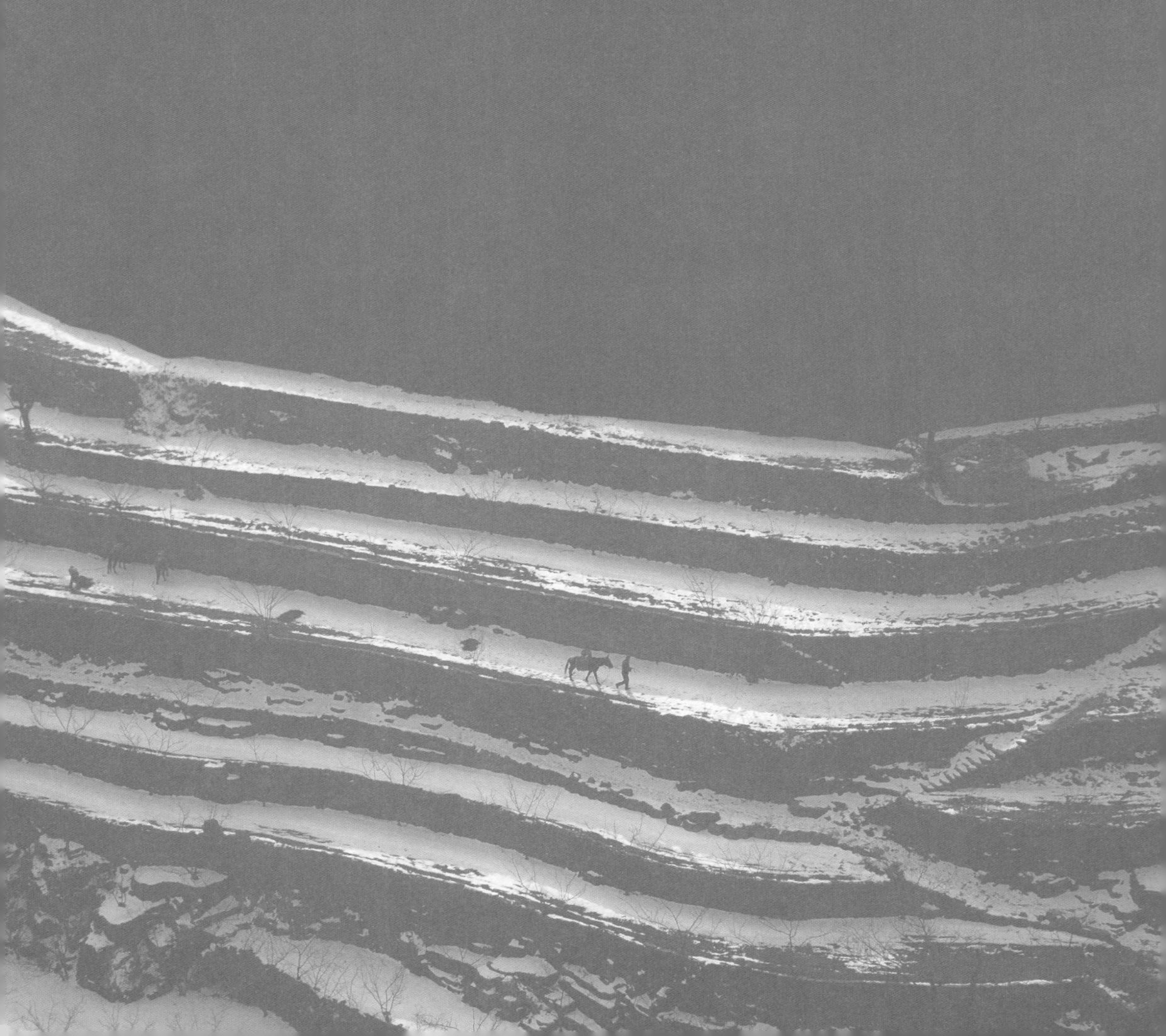

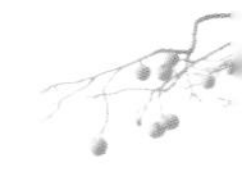

（一）粮果丰登产品佳

1. 特色农产品

（1）涉县小米

涉县谷子（贺献林／摄）

涉县谷子种植历史悠久，在距今3 000～4 000年的涉县台村先商遗址发现碳化谷粒，可见先商时期谷子就是涉县的主要作物。谷子因耐旱、不择土质、适应性强、抗逆性强等特点在遗产地得到普遍种植。谷子是当地人们的主要口粮，在当地秋收作物播种面积中占第二位。当地谷子种植为一年一季，生产周期长，且沿用传统栽培方式，每季最少人工锄草3遍，并全部施用有机肥。因此，当地谷子品质好，出产的小米色味俱佳、远近闻名。

涉县谷子的田间管理技术

涉县谷子主要生长在旱坡地。中华人民共和国成立以前，栽培多为春谷，一年一熟制。一年两熟制的夏播谷子面积较少。谷子谷雨至立夏播种，9月下旬收获。受降雨变化影响，易受“卡脖旱”和灌浆期沥涝影响，产量低而不稳。田间管理方面农民采用秋翻耕（将种谷子的地耕后纳墒）、春耙耢（如无大雨则不耕）后用耧播种、播后镇压的办法。出苗后除草定苗，“一步老三安”，密度一般每亩在1万株左右。中耕2～3次（谷子是管理较细的作物，有“一锄浅耕灭荒，二锄深耕防倒，三锄细耕保墒”“锄出米来”之说）。

（2）涉县花椒

花椒耐寒、耐旱、抗病能力强，尤其适合在干旱缺水的山坡或梯田上生长。涉县是花椒的适宜生长区，遗产地更是花椒的核心产区。当地自古就有种植花椒树的习惯，距今已有700多年的历史。涉县花椒具有品质好、产量高的特性，以果粒均匀、色泽鲜艳、麻味充裕而闻名遐迩，享有“十里香”的美誉。地方花椒品种有大红袍、小红椒、枸椒等，其中大红袍是遗产地种植最多的品种，所占比重为95%。大红袍也叫大红椒，丰产、稳产性好，具有粒大、皮厚、味香、油性大等特点，深受消费者喜爱。

涉县花椒（涉县农业农村局／提供）

关于大红椒的传说

传说原始花椒都是淡白色的。后来，有个名叫红娇的姑娘爬上树干摘花椒。她心急手快，椒屹针蜇破了手指，殷红的鲜血流到花椒上。从此，花椒的颜色就全变成红艳艳的了。花椒吸尽了红姑娘的血，红姑娘就葬在花椒树下。人们为纪念她，就把这种花椒叫大红椒。

涉县被评为中国花椒之乡（涉县农业农村局/提供）

2005年，涉县花椒被国家质量监督检验检疫总局批准为“国家地理标志保护产品”；2007年，涉县被河北省调味品协会冠名“河北省花椒调味品之乡”，被中华全国供销合作总社确定为“太行山区花椒标准化示范基地”；2008年，涉县被中国经济林协会命名为“中国花椒之乡”；2010年，涉县被中国调味品协会评为“中国调味品原辅料（花椒）种植基地”；2016年，国家质量监督检验检疫总局批准对“涉县花椒”实施地理标志产品保护；2017年“涉县花椒”获得国家地理证明商标。

花椒的栽培历史

花椒，古称椒、椒聊、椶、丹椒、大椒、秦椒、蜀椒、巴椒、汉椒、蘑藙、黎椒等。大约在3 000年前，我们的祖先就认识了花椒作为香料的价值。最早有关花椒的记载见于《诗经》之《国风·唐风·椒聊》“椒聊之实，蕃衍盈升。彼其之子，硕大无朋。椒聊且，远条且。椒聊之实，蕃衍盈匊。彼其之子，硕大且笃。椒聊且，远条且”，在《周颂·闵予小子之什·载芟》中有“有椒其馨，胡考之宁”，《国风·陈风·东门之枌》中也有“贻我握椒”的记椒之文。按照《诗经》的作品产生年代，我国人民对花椒的利用可追溯到公元前11世纪至前6世纪。我国最早的大诗人屈原，在《离骚》《九章》《九歌》中，亦不乏记椒之辞：“巫咸将夕降兮，怀椒糈而要之”“奠桂酒兮椒浆”等。可见，楚人已有饮椒酒之风。至汉代，后妃大修椒房，将所住之宫殿，用椒和泥涂壁，取其温暖有香气，兼有多子多福之意。

花椒作为栽培的经济树种，最迟不晚于二晋之际，到南北朝时已有了比较完善的栽培方法。北魏贾思勰所著《齐民要术》中，就有了关于花椒采种、育苗、栽植的时期和栽植方法的记述，所载“四月初，畦种之。治畦下水，如种葵法。生高数寸，夏连雨时，可移之”至今仍为一些花椒产区的椒农所采用。到明代，邝瑶的《便民图纂》中，更有了花椒栽植季节和方法的详细记载。明清之际，由于交通的发展，内销日盛，花椒栽培有了显著发展，逐步奠定了我国花椒栽培的现代格局。

（3）涉县核桃

涉县核桃壳皮较薄，麻纹明显，缝合线微隆起，种仁饱满，结合紧密，内隔壁不发达，取仁容易，风味浓香，品质极佳，是“涉县三珍”之一。涉县是全国重点核桃产区之一，现在全县境内分布的百年以上核桃大树有10万株。

村边核桃王（涉县农业农村局/提供）

2003年，“涉县三珍”牌核桃被河北省人民政府评为省名牌产品，被中国果蔬协会评为“中华名果”；2004年，涉县被国家林业局命名为“中国核桃之乡”；2005年，涉县核桃获国家质量监督检验检疫总局颁布的“国家地理标志保护产品”称号；2007年，涉县核桃入选“2008北京奥运会推荐果品”；2008年，涉县核桃在第十二届中国（廊坊）农产品交易会上被评为金奖；2017年，“涉县核桃”获得国家地理标志证明商标。

涉县被评为中国核桃之乡
（涉县农业农村局／提供）

（4）涉县黑枣

黑枣是石堰梯田中常见的经济树种，其抗旱、抗病、抗虫的能力都很强，且产量相对稳定。据明嘉靖三十七年（1558年）《涉县志》记载，黑枣当时就是涉县特产。涉县黑枣全果可食，果肉敦实、味道甘美、营养丰富。除直接食用以外，黑枣还可酿酒、制醋、入药等。在饥荒年代，涉县黑枣常常是人们充饥的主要口粮之一，是苦日灾年的“救命”树。

涉县黑枣（贺献林／摄）

黑枣分为有核黑枣和无核黑枣。有核黑枣是将枣核作为种子种下，种子长成树苗后，嫁接到君迁子的砧木上。无核黑枣则来自于自然诱因下的染色体变异。黑枣通常种在梯田田块的中央，其阔大的树冠起到遮阴效果。黑枣的树干相较花椒更为坚硬牢靠，还可以用作拴驴的木桩。

涉县黑枣获国家地理标志保护产品
（涉县农业农村局／提供）

2017年，涉县黑枣被国家质量监督检验检疫总局批准为“国家地理标志保护产品”。

2. 其他农产品

除了谷子，遗产地的粮食作物还有玉米、小麦、高粱、大豆、小豆、绿豆、饭豆以及马铃薯、甘薯等薯类。经济作物则有花生、油菜、芝麻等油料作物，棉花、脂麻等棉麻作物，菜豆、扁豆、萝卜、南瓜等蔬菜作物以及柴胡、丹参、连翘等药用植物。遗产地主要经济林果除了花椒、核桃和黑枣，还有柿子、木橑、山杏、梨、苹果、桃等。

（1）玉米

玉米属高产粮食作物，且适应能力强，因此在遗产地得到普遍种植，是当地播种面积最大的秋收作物。明末清初，涉县开始种植玉米，民国即有了笨玉米、二糙、小三糙玉米品种之分。20世纪40年代试验推广了“金皇后”“白马牙”。由于品质好、口感佳，“金皇后”“白马牙”至今仍被村民以“一穗传”的方式保留并种植着。

收获的玉米（涉县农业农村局／提供）

（2）豆类

豆类作物在涉县种植历史悠久，明嘉靖三十七年（1558年）《涉县志》就把豌豆、小豆、扁豆、茶豆记为重要物产。豆类作物常作为抗灾粮食和大宗粮食的补充，种植在山坡远地。尤其是一些豆类作物生育期都较短，一般只有60～80天，常种植在旱地，作为耐旱、避旱作物，干旱年份面积较大，其他年份较小。由于涉县旱作梯田独特的气候和生态条件，形成了多种豆类作物生存繁衍的基础。

长期以来，梯田区豆类作物种植十分广泛，豆类作物在山区人民的食物构成和农业生产中起着重要作用。旱作梯田的豆类作物，按食用的部位及方式，可分为粮食类和蔬菜类。作为粮食的豆类，按食用方式又可分为直接食用类、加工食用类、药用类。直接食用类的一是可直接煮粥，二是可直接炒着吃。加工食用类有加工成豆面、豆腐、豆浆等，或加工成豆芽。另有一些豆类具有一定药用功能。

绿豆是涉县种植的主要杂豆之一，种植历史悠久。由于其耐旱、抗瘠、生育期短、适播期长，且具有清热解毒、防暑、治疗创伤等药用功效，深受群众欢迎。红小豆也是涉县种植的主要杂粮之一，具有抗旱、耐瘠、适应性广、适播期长、生育期短等特点，是重要的防灾抗灾作物和重要的生活调剂品种。

红小豆（涉县农业农村局／提供）

（3）中药材

涉县地处河北省太行山中药材产业带，境内地形复杂，气候差异较大，动植物种类繁多，野生动植物药材资源十分丰富。据《涉县中药志》记载，涉县野生中药材达2 115种，其中常用药有300多种，地道药材150多种，均为国家中药基本药物。涉县中药材种植已有上千年历史，在涉县明嘉靖三十七年县志中即将柴胡、荆芥、防风、山半夏、苍术、牵牛、黄芩、地黄8种中药材作为特产进行记载。

“涉县柴胡”“涉县连翘”先后获得国家地理标志产品保护和国家地理标志证明商标。2016年“涉县柴胡”“涉县连翘”被河北省首届中药材产业发展大会评为“河北省十大道地药材”。2017年以连翘种植为主的涉县以岭连翘现代园区被首届京津冀中药材产业发展大会评为“河北省十大中药材现代园区”。2018年在京津冀中药材产业发展大会上，涉县被评为“河北省十大中药材产业示范县（柴胡、连翘）”。

梯田里的连翘（涉县农业农村局/提供）

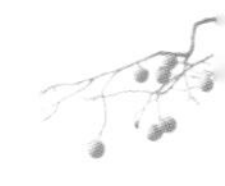

涉县柴胡产地环境（涉县农业农村局／提供）

涉县柴胡获农产品地理标志证书（涉县农业农村局／提供）

（4）柿子

涉县柿树自古就分布广泛，满山遍野。清嘉庆四年（1799年）《涉县志》载："萧萧昨夜起霜风，晓看园林柿叶红。莫道荒山无景色，漫天霞锦烂秋空。”“崖罅多植柿树，其属有三，长者为盖柿，作饼为上，小者绵柿，作饼次之；扁者曰水柿，不堪作饼。”1998年《涉县志》记载：柿子为“涉县三珍”之一。其产量高，皮薄霜白，甘甜可口，以“符山柿子”为最佳，明清两代，每年上贡朝廷。柿树适应性强，抗寒耐旱，其多植于山坡、梯田、堰边、堰旁，也有粮田间植。

涉县小绵柿（涉县农业农村局/提供）

涉县柿子个大、色红、丰腴多汁，醇甜如蜜，古诗赞其“色胜金衣美，甘逾玉液清”。鲜柿香甜爽脆，放软甘甜如蜜。加工干制的柿饼、柿块、柿条、柿脯等，其养分被浓缩，口味香甜绵韧，像饴糖一样耐嚼、耐品尝，其中有些品种远销港澳地区及日本。除鲜食、干食外，用柿子酿制的酒和醋等品味极佳，胜过粮制的酒和醋。柿子还可医病，对痢疾、干热咳嗽、牙龈出血、贫血等均有一定疗效。

木橑树（李禾尧/摄）

（5）木橑

木橑，又名黄连木，为木本油料及用材树种。属漆树科落叶乔木，耐阴耐瘠薄，对二氧化硫和烟害抗性较强，深根性，萌芽力强，在核心区有大面积的野生片林。木橑树木材坚硬，心材黄色，供建筑、家具等用，种子含油率42.46%，可食用，也可制肥皂或润滑油；叶、果、树皮均可提制栲胶；根、枝叶、树皮也可入药，是石灰岩山区荒山造林的主要树种。

（二）蓬勃兴旺产业发

1. 农产品生产

2017年遗产地谷子、玉米和大豆的播种面积分别为596公顷、742公顷和248公顷，播种面积共计1 586公顷，占全县播种面积（12 134公顷）的13.1%。2017年遗产地谷子、玉米和大豆的产量分别为1 502吨、3 432吨和500吨，分别占全县谷子产量（36 106吨）、玉米产量（11 181吨）和大豆产量（2 255吨）的4.2%、30.7%和22.2%（表3）。

表3 2017年遗产地重要农产品生产与直接销售

名称	面积（公顷）	产量（吨）	销售比重	销售额（万元）
谷子	596	1 502	40.4%	413
玉米	742	3 432	80.1%	478
大豆	248	500	58.1%	120

注：数据来源于中科院地理资源所调研数据。

销售比重最高的是玉米，80.1%的玉米被用于直接销售，直接销售额达478万元；其次为大豆，直接销售比重为58.1%，直接销售额为120万元；谷子的销售比重最低，仅为40.4%，但是销售额远高于大豆，达到413万元。2017年谷子、玉米和大豆的销售总额为1 011万元，是遗产地农业的重要收入来源。其中，谷子和玉米的销售收入比重占到88.1%，对遗产地农业收入贡献十分显著。

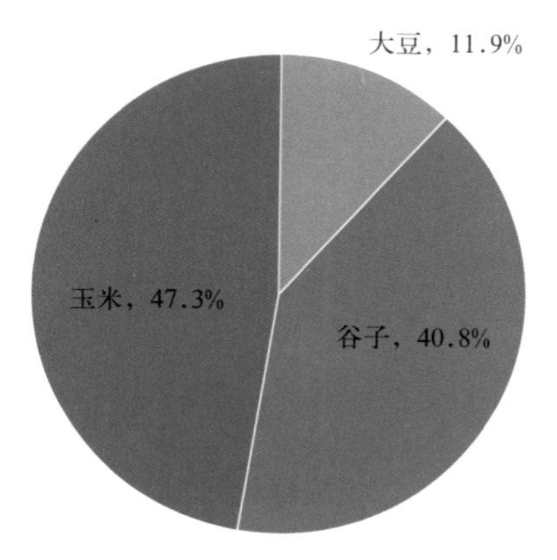

2017年遗产地重要农产品销售收入比重
（焦雯珺／绘）

2017年遗产地花椒、黑枣和核桃的产量分别为754吨、1 902吨和1 513吨，分别占全县花椒产量（3 500吨）、黑枣产量（12 000吨）和核桃产量（20 500吨）的21.5%、15.9%和7.4%（表4）。不难看出，遗产地是涉县花椒的核心产区。

表4　2017年遗产地重要林果产品生产与直接销售

名称	产量（吨）	销售比重	销售额（万元）
花椒	754	96.6%	5 116
黑枣	1 902	96.7%	666
核桃	1 513	90.9%	2 312

注：数据来源于中科院地理资源所调研数据。

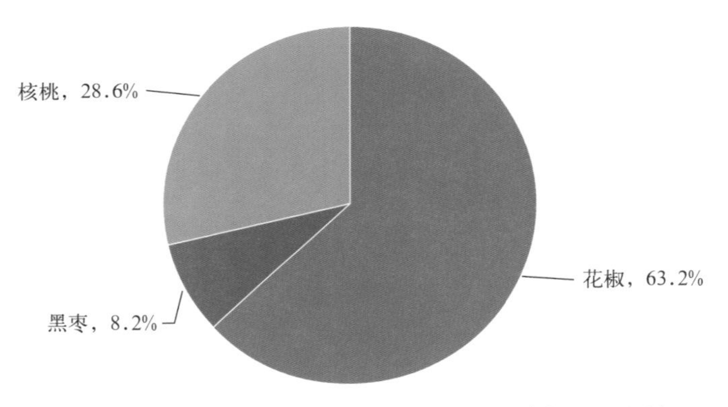

2017年遗产地重要林果产品销售收入比重（焦雯珺／绘）

遗产地花椒、黑枣和核桃的销售比重均在90%以上，总销售额达8 094万元，是遗产地其他农产品总销售额的8倍。这说明当地农民种植花椒、黑枣和核桃主要用于销售，是遗产地农业的重要收入来源。2017年花椒、黑枣和核桃的销售额所占比重分别为63.2%、8.2%和28.6%，可以看出花椒对遗产地农业收入贡献十分显著。

2．农产品加工

随着经济的发展，人们的生活质量逐渐提高，饮食观念逐渐由单纯追求温饱向追求全面营养健康转变。小米等杂粮由于营养丰富、

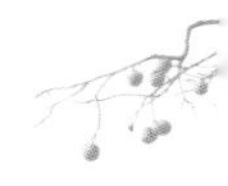

富含多种对人体有益的成分，成为餐桌上不可或缺的美味食品。涉县最著名的“娲皇宫”牌杂粮曾获“第八届中国（廊坊）农产品交易会名优产品”称号，深受城乡人民喜爱。涉县小米还被加工成米醋、米酒等产品。

涉县“娲皇宫”牌小米
（涉县农业农村局／提供）

米醋

米酒

涉县小米加工产品（焦雯珺／摄）

黄豆

红小豆

玉米糁

黑豆

绿豆

涉县杂粮产品（焦雯珺／摄）

花椒果皮主要用于调味，亦可入药，椒籽可榨油，其加工产品深受消费者喜爱。除了花椒以外，涉县还将核桃、黑枣、柿子等加工成各式产品，受到广大消费者的欢迎。2003年，“宜维尔”牌核桃油通过了ISO9001质量体系认证和HACCP国际食品安全管理体系认证，并被中国棋院指定为专用食用油。2010年，涉县固新黑枣专业合作社生产的“雪珠”牌涉县黑枣荣获中国唐山特色农产品博览会金奖。

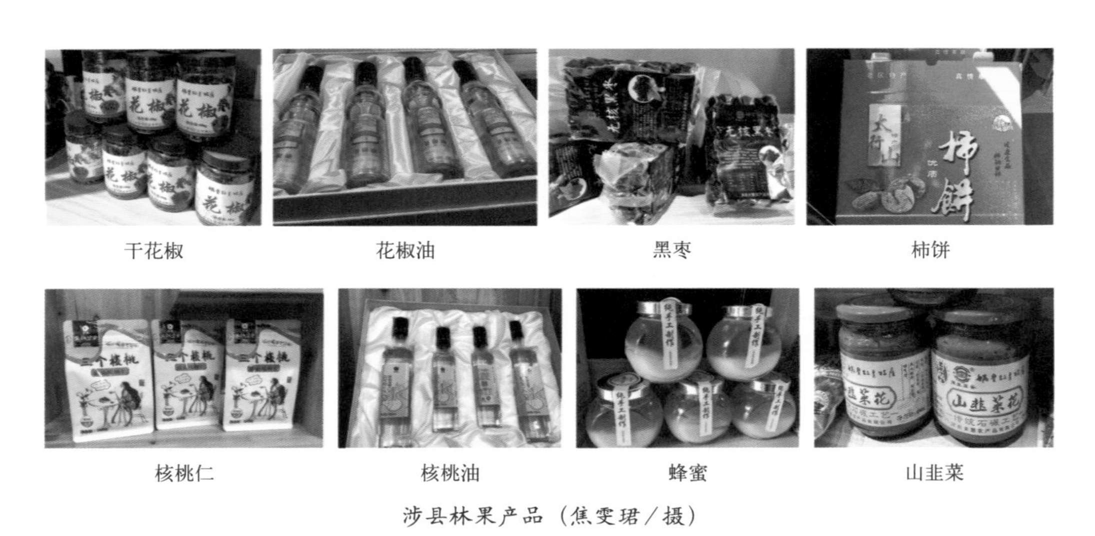

干花椒　花椒油　黑枣　柿饼

核桃仁　核桃油　蜂蜜　山韭菜

涉县林果产品（焦雯珺/摄）

（三）壮业富民产值升

1. 带动劳动力就业

涉县旱作梯田系统不仅让当地人们可以进行谷子、花椒等农林产品的生产与加工，还为当地开展休闲旅游提供了资源基础，在带动当地劳动力就业中起到重要作用。据调查，2017年遗产地农业文化遗产

从业总人数为18 679人，占常住人口的67.2%。参与农业文化遗产保护与管理的以本地人为主，人数达17 643人，占比高达94.5%（表5）。

表5　2017年遗产地农业文化遗产从业人数

单位：人

类型	总人数	本地参与农民		
		人数	小于45岁	女性
农林产品生产	17 756	16 754	5 991	6 575
农林产品加工销售	676	676	305	305
遗产旅游服务	44	10	10	5
传统文化传承	4	4	0	2
其他	199	199	99	0
合计	18 679	17 643	6 405	6 887

注：数据来源于中科院地理资源所调研数据。

农业文化遗产还吸引了一些年轻人和女性，其在当地农业文化遗产的保护与管理中起到重要作用。从表5中可以看出，2017年遗产地农业文化遗产从业人员中，小于45岁的有6 405人，占比36.3%；女性6 887人，占比39.0%。

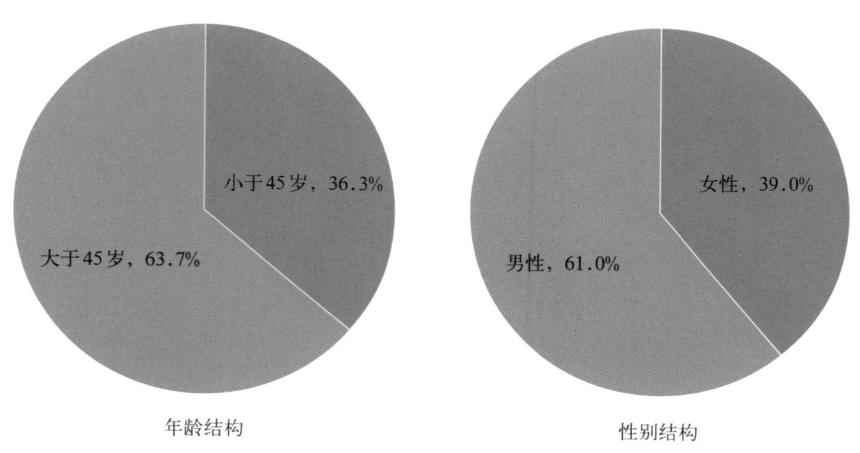

2017年农业文化遗产从业人员年龄与性别结构（焦雯珺/绘）

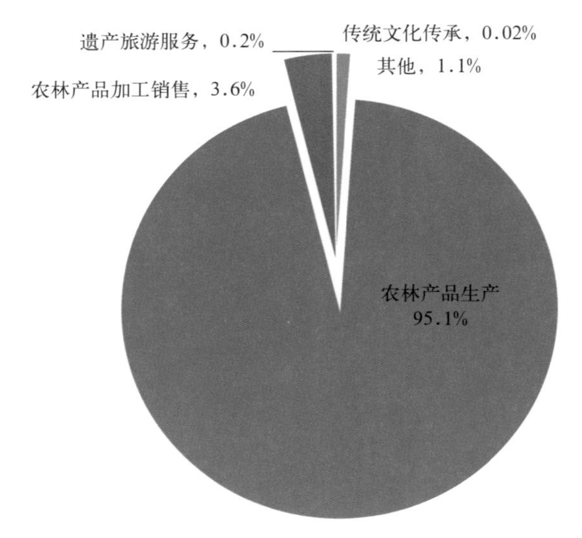

2017年农业文化遗产从业人员类型结构
（焦雯珺/绘）

农林产品的生产对当地劳动力就业带动力度最大。2017年从事农林产品生产的人数为17 756人，所占比例高达95.1%；其次为从事农林产品加工销售人员（676人），所占比例为3.6%；提供遗产旅游服务人员有44人，所占比例为0.2%。

2. 促进地方经济发展

依托涉县旱作梯田系统，当地人从事农林产品的生产、加工与销售，并逐步发展休闲旅游、乡村旅游，对促进当地经济发展和社会和谐稳定起到重要作用。据调查，2017年遗产地农村经济总收入24 296万元，其中外出务工收入14 062万元，所占比重为57.9%，其次为林果业收入8 009万元和种植业收入1 615万元，二者所占比重为39.6%。这说明种植业和林果业是遗产地农村经济收入的重要来源（表6）。

表6　2017年遗产地农村经济收入

单位：万元

	总收入	外出务工	种植业	林果业	畜禽养殖	商业运输业	其他
井店镇	6 553	3 466	469	2 461	0	157	0
更乐镇	5 943	3 251	144	2 368	5	175	0
关防乡	11 800	7 345	1 002	3 180	120	100	53
遗产地	24 296	14 062	1 615	8 009	125	432	53

注：数据来源于中科院地理资源所调研数据。

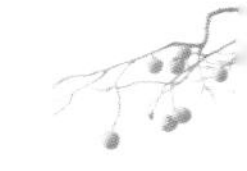

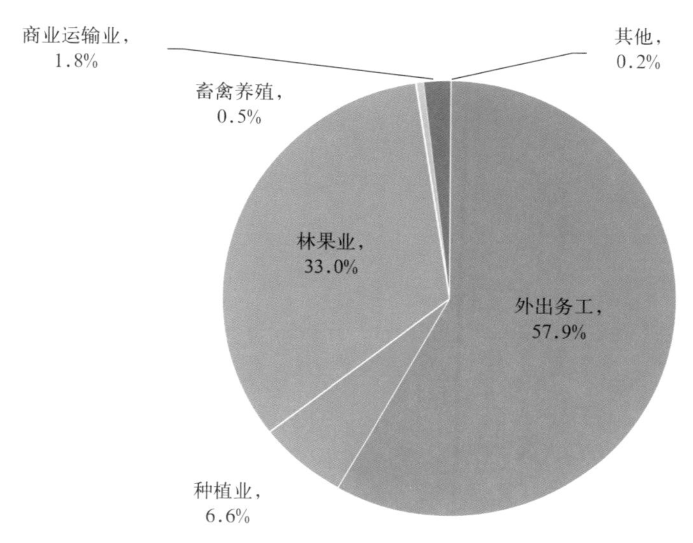

2017年遗产地农村经济收入构成（焦雯珺／绘）

关防乡外出务工收入占农村经济收入的比重最高，达62.2%，种植业、林果业、畜禽养殖等收入占比不足40%。井店镇和更乐镇的外出务工收入占比分别为52.9%和54.7%，种植业、林果业、畜禽养殖等收入占比接近50%。不同的是，井店镇的种植业收入比重7.2%，明显高于更乐镇的2.4%；而更乐镇的林果业收入达39.8%，是三个乡镇中林果业收入占比最高的。

3. 提高农民收入

涉县旱作梯田系统对当地农民收入的提高亦具有重要作用。据调查，2017年遗产地农民人均收入6 063元，其中外出务工收入3 229元、种植业收入366元、林果业收入2 456元，所占比重分别为53.3%、6.0%和40.5%（表7）。

表7　2017年遗产地农民人均收入

单位：元

	人均收入	外出务工	种植业	林果业
井店镇	4 669	2 256	354	2 059
更乐镇	7 516	3 404	182	3 674
关防乡	6 397	3 976	549	1 686
遗产地	6 063	3 229	366	2 456

注：数据来源于中科院地理资源所调研数据。

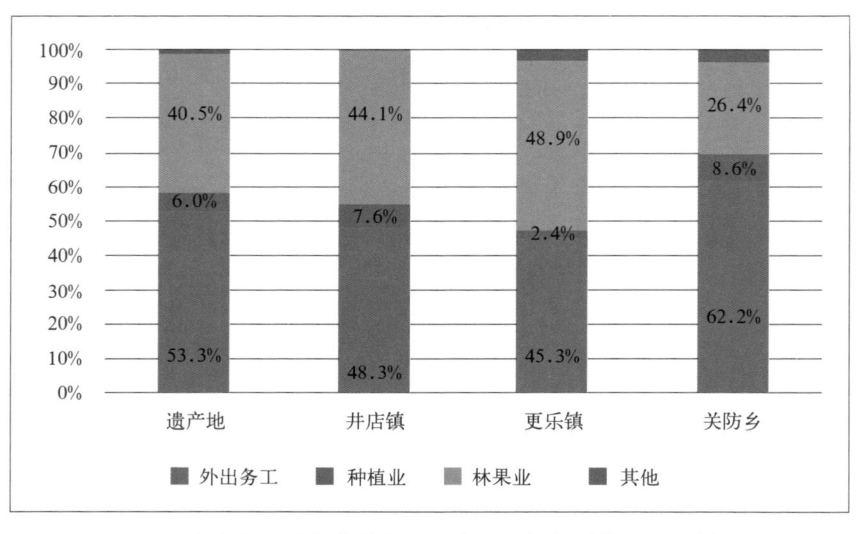

2017年遗产地及各乡镇农民人均收入构成（焦雯珺／绘）

从图中可以看出，井店镇农民人均收入中，来自种植业和林果业的人均收入占比为51.7%，高于外出务工人均收入占比48.3%；更乐镇农业对人均收入贡献仅为2.4%，但是林果业对人均收入贡献高达48.9%，二者之和亦高于外出务工人均收入占比；关防乡人均收入中外出务工贡献较大（62.2%），相较于其他两个乡镇其林果业和种植业的贡献最低（35.0%）。总的来说，遗产地农民人均收入中大致有一半来自种植业及林果业收入贡献。

三

共栖：天人合一的生态智慧

河北涉县旱作梯田系统

涉县旱作梯田系统是历经千百年岁月打磨、风雨洗礼，而不断传承的劳动人民生存智慧的结晶。它完美地展示了在限制性资源条件下，既能保持水土、提升生物多样性又能保持可持续生产力的农田生态系统，淋漓尽致地展现了劳动人民天人合一的生态智慧。

（一）复合的生态系统

涉县旱作梯田系统是复合生态系统，具体包括山顶茂密的森林和低矮的灌丛、沿山势蜿蜒盘旋的石堰梯田、山谷的传统村落以及河流和河滩地。

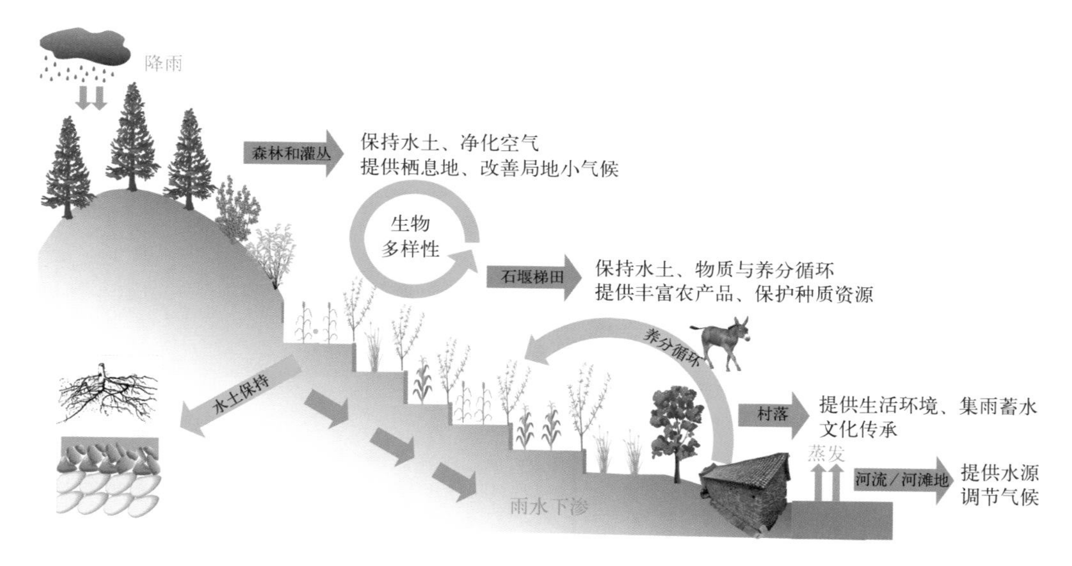

遗产系统的结构与功能（孙建、周天财／绘）

1．森林与灌丛

山顶茂密的森林和低矮的灌丛能够有效地保持水分和土壤、改善调节局地小气候、为丰富的生物提供栖息地，同时可以美化环境和净化空气等。森林和灌丛通过茂密的枝叶截留降水、减小地表径流，增加地下渗透，有效地固持了土壤和水分，因此具有重要的土壤保持功能及价值。浓密的森林树冠可起到局地小气候调节的作用，

山顶森林和灌丛（涉县农业农村局/提供）

相对而言，森林内冬暖夏凉、夜暖昼凉，呵护着林下植物健康生长，也为其他的生物提供栖息场所。参天的树木不仅能够有效地吸收空气中的二氧化碳，同时对二氧化硫、氯气和氟化氢等有害气体也有一定吸收能力。可以说，山顶的树木和灌丛是当地生态安全的第一道屏障。

2．石堰梯田

山腰的石堰梯田蔚为壮观，逶迤，磅礴，如挂在悬崖峭壁上的巨龙。四季变换，其风采不同，或雄伟，或皎洁，或妩媚，或朴实，吸引着一批又一批文人骚客或旅游者。被深深震撼和感动的不仅仅是她的美丽，还有渗透其中的劳动人民的汗水和智慧。石堰梯田的修建，就地取材，因地制宜，利用平面改变陡峭的山坡，有效地保持土壤，进而维持了农田水分。此外，农作物秸秆被用于生活和动物饲养，有机肥料还田，不仅丰富了外源菌落的输入，还能改善土壤结构，提升地力，形成良性的养分循环再利用，绿色农业就根植其中。如石堰梯田里种植了营养丰富的粮食作物、经济作物（水果和中药材）和林果产品（多功能的花椒），不仅为当地人们提供了健康而多样的美食，而且显著提高了山地生态系统的生物多样性。而多样性的提高对病虫害的防治、提高农田的产出和发展绿色农业具有重要的生态学意义。

山腰石堰梯田（涉县农业农村局／提供）

3．村落

山谷中的村落不仅为当地人们提供了良好的生活环境，而且具有重要的水利功能（集雨蓄水、导水、泥沙输送、防洪、抗旱等）。村落里沉淀下来的石文化名扬四海，成为涉县文化传承典范，也成为河北乃至中国北方山区石文化的名片。为了解决生产与生活用水，当地人们建造了一系列彰显智慧的集雨蓄水设施，并根据水资源的用途确定各水源的使用优先级，从而实现水资源的科学与可持续利用。以民俗文化、饮食文化、建筑文化、毛驴文化为核心的多元农业文化依托村落被世代传承下来，使涉县旱作梯田系统成为中国北方旱地农业文化的典型代表。

石堰梯田下的小山村（朱卫梓／摄）

4．河流与河滩地

河滩地地势相对平坦，能够为当地人们提供一定的农业用地，但是可利用面积小，更多的是发挥其水利缓冲的作用。也恰恰是这些河

滩地，夏季绿意盎然，秋季色彩斑斓，与大山、梯田、河流交相呼应，景观层次分明，成为当地人和游客憩息、娱乐和观赏的胜地。

王金庄水库旁的河滩地（寇永军／摄）

（二）丰富的生物多样性

1．农业生物多样性

涉县旱作梯田系统具有丰富的农业生物多样性。据调查，石堰梯田内种植或管理的农业物种有26科57属77种，其中粮食作物15种、蔬菜作物31种、油料作物5种、干鲜果14种、药用植物以及纤维烟草等12种。共有171个传统农家品种，其中粮食作物62个、蔬菜作物57个、干鲜果品33个、油料作物7个、药用植物和纤维烟草12个。村落内则饲养牲畜8种，禽类1种（表8）。

表8　系统内主要农业物种

大类	小类	数量	名称
粮食作物	谷物	5	小麦、玉米、粟（谷子）、高粱、稷（黍）
	豆类	6	大豆（黄豆）、绿豆、赤豆、赤小豆、短豇豆、蚕豆
	薯类	2	马铃薯、甘薯
	其他	2	榆皮、黄蜀葵
经济作物	油料	5	落花生、紫苏、向日葵、蓖麻、芝麻
	麻类烟草	3	苘麻、大麻、烟草
	中药材	9	北柴胡、荆芥、黄芩、丹参、知母、野皂荚、连翘、野鸢尾、酸枣
	蔬菜	31	菜豆、长豇豆、扁豆、南瓜、西葫芦、甜瓜、葫芦、丝瓜、旱芹、芫荽、胡萝卜、茄子 、番茄、辣椒（原变种）、菜椒、朝天椒、莴笋、白萝卜、白菜、芥菜、芜青、油菜、普通大葱、洋葱、大蒜、薤白、韭菜、冀韭、山韭、菠菜、甜菜
林果	干果	3	君迁子、胡桃、柿子
	鲜果	9	杏、山杏、李、桃、白梨、秋子梨、苹果、石榴、葡萄
	其他	2	花椒、黄连木
家养动物	牲畜	8	牛、马、驴、骡、猪、绵羊、山羊、兔
	禽类	1	鸡

系统内部分农业物种（涉县农业农村局/提供）

涉县旱作梯田系统不仅具有丰富的农业生物多样性，而且拥有丰富的品种多样性。据调查，系统内目前人类栽种和管理的77种农业物种中传承保护了171个传统农家品种，其中粮食类15种62个、蔬菜类31种57个、干鲜果品14种33个、药用植物9种9个、油料5种7个、纤维烟草3种3个。拥有传统农家品种数量前10位的物种分别是谷子（粟）19个、大豆（黄豆）11个、菜豆9个、柿子9个、赤豆（小豆）7个、玉米7个、扁豆5个、南瓜5个、花椒5个、黑枣（君迁子）5个（表9，表10）。

表9　系统内的主要地方品种

物种	数量	地方品种名称
谷子（粟）	19	来吾县、三遍丑、漏米青、屁马青、青谷、红苗青谷、马鸡嘴、红苗老来白、老来白、小黄糙、落花黄、山西一尺黄、白苗毛谷、白苗红谷、老谷子、白谷、红谷、毛谷、黄谷
大豆（黄豆）	11	小白豆、小黑豆、二黑豆、大黑豆、小黑脸青豆、大青豆、二青豆、小青豆、大黄豆、二黄豆、小黄豆
菜豆	9	黑没丝、红没丝、黄没丝、菜豆角、紫豆角、花皮豆角、绿豆角、小紫豆角、地豆角
柿子	9	磨盘柿、符山绵柿、满天红、大方柿子、牛角柿、黑柿子、大绵柿子、小绵柿子、小方柿子
赤豆（小豆）	7	绿小豆、大粒红小豆、二红小豆、红小豆、狸猫小豆、白小豆、褐小豆
玉米	7	白马牙、金皇后、老白玉米、老黄玉米、紫玉米、三糙黄、三糙白
扁豆	5	紫眉豆角、白花绿眉豆、紫花绿眉豆、小白眉豆、紫荆眉豆
南瓜	5	老来青、饼瓜、老来红、老来黄、长南瓜
花椒	5	大红袍、二红袍（大花椒）、小花椒（小红椒）、白沙椒、枸椒（臭椒）
黑枣(君迁子)	5	公软枣树、多核软枣（十大兄弟）、白节枣、牛奶枣、大白粒

部分谷子地方品种（涉县农业农村局/提供）

部分玉米地方品种（涉县农业农村局/提供）

花皮豆　黄没丝　红没丝　青豆角

黑没丝　青没丝　短紫豆角　长紫豆角

部分菜豆地方品种（涉县农业农村局/提供）

磨盘柿　牛心柿　黑柿子

小绵柿　小洋柿　小方柿

部分柿子地方品种（涉县农业农村局/提供）

表10　花椒地方品种及其特点

品种	主要特点	植株	果实
大红袍	粒红、粒大，叶片厚、颜色深，采摘时间立秋后1个月		
大花椒	早熟品种，果实清香、麻味醇正，皮厚、粒大而均匀，含油量丰富		
小红椒	粒小，叶片薄、颜色浅，味道好，采摘时间立秋后1个月		
白沙椒	果实牛角形、浅黄绿色，味微辣，肉质脆嫩，口感好		
枸椒	刺上少下多，采摘期长，延后1个月		

注：图片由涉县农业农村局提供。

2．其他生物多样性

涉县拥有丰富的植物资源，共有植物4门166科576属1 509种，其中，有苔藓植物11科17属18种，蕨类植物16科21属42种，裸子

部分常见野生植物（涉县林业局／提供）

植物6科11属21种，被子植物有133科527属1 428种（双子叶植物有110科492属1 162种，单子叶植物23科35属266种）。

涉县有国家重点保护野生植物20种，其中国家一级保护野生植物有苏铁、银杏、水杉3种，也是涉县第一批进入国家重点保护野生植物名录的植物（表11）。

表11　涉县国家重点保护野生植物名录

种名	保护批次	等级	IUCN 等级
苏铁	一	I	CR（极危）
银杏	一	I	CR（极危）
水杉	一	I	EN（濒危）
木贼麻黄	二	II	LC（无危）
草麻黄	二	II	NT（近危）
胡桃	二	II	VU（易危）
莲	一	II	DD（数据缺乏）
牡丹	二	II	VU（易危）
玫瑰	二	II	EN（濒危）
甘草	二	II	LC（无危）
狗枣猕猴桃	二	II	LC（无危）
软枣猕猴桃	二	II	LC（无危）
中华猕猴桃	二	II	LC（无危）
刺五加	二	II	LC（无危）
明党参	二	II	VU（易危）
水曲柳	一	II	VU（易危）
角盘兰	二	II	NT（近危）
天麻	二	II	DD（数据缺乏）
羊耳蒜	二	II	DD（数据缺乏）
绶草	二	II	LC（无危）

注：IUCN（International Union for Conservation of Nature），世界保护联盟，是世界上规模最大、历史最悠久的全球性非营利环保机构。

涉县的动物种类亦十分丰富。《农业志》记载动物（包括重要的亚种）4门307科791属1 080种，其中：益农动物106科213属320种，包括经济类动物13科24属31种、土壤“改良者”类动物1科4属5种、植物授粉媒类6科9属12种、寄生性昆虫类11科35属40种、捕食性灭害动物类动物75科142属232种；有害动物138科445属588种。

鸽子　喜鹊　蛇　燕子

蝉　金龟子　瓢虫　赤条蝽

草蛉　螟虫　宽蛾　尺蠖

四纹丽金龟　蛀茎　蜘蛛　蝴蝶

部分野生动物照片（涉县农业农村局/提供）

涉县国家二级保护野生动物5科8属15种，包括鸭科1种、鹰科3种、隼科6种、鸱鸮科4种、猫科动物1种（表12）。

表12　涉县国家二级保护野生动物名录

科名	种名
鸭科（*Anatidae*）	鸳鸯
鹰科（*Accipitridae*）	苍鹰、雀鹰、鸢
隼科（*Faconidae*）	猎隼、灰背隼、游隼、燕隼、红隼、红脚隼
鸱鸮科（*Strigidae*）	纵纹腹小鸮、长耳鸮、短耳鸮、雕鸮
猫科（*Felidae*）	猞猁

（三）重要的生态功能

1．水土保持

涉县旱作梯田系统具有突出的水土保持功能。山顶的森林和灌丛能够截留降水，使土壤免于雨水溅击和地表径流冲刷，从而有效减少土壤流失。拦截的降水渗入到土壤中，进而增加土壤水分含量。

位于山腰的梯田就是一个水土保持的典范，其水土保持功能深入到了梯田整体构造的每一个环节和部位。首先，通常根据山势修建成30°～50°的反坡面，能够有效减少雨水冲刷导致的土壤侵蚀，从而增强梯田的蓄水保土能力。其次，梯田外沿由双层石堰做保护，并按照一定密度种植花椒树。花椒树的根系盘结在石堰缝隙之中，

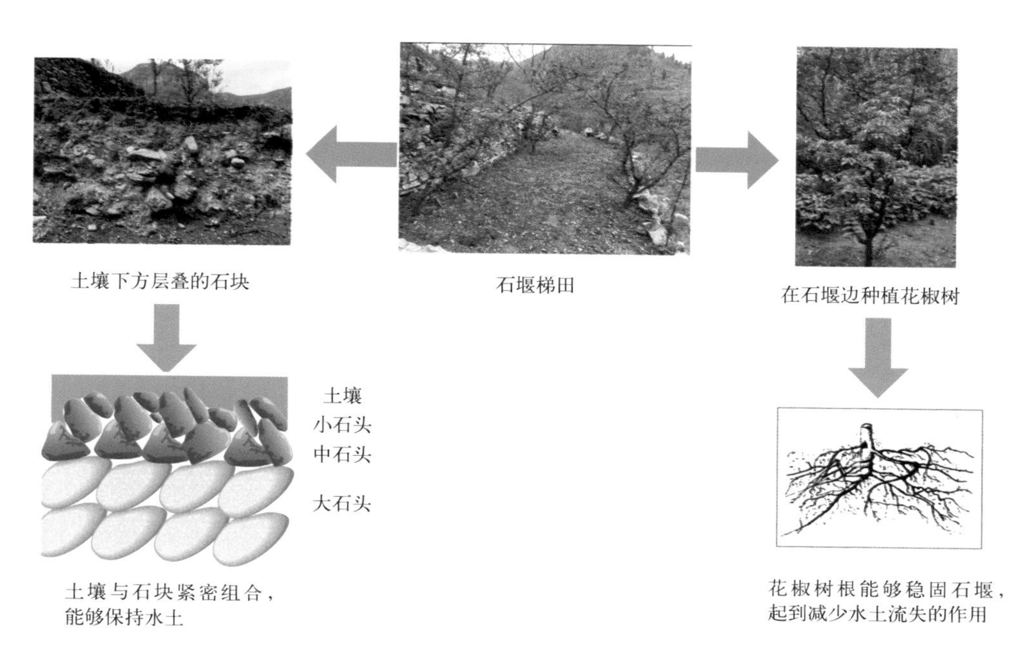

石堰梯田水土保持功能图解（孙建、周天财／绘）

形成稳固石堰的“铁篱笆”，进一步加强其水土保持功能。然后，花椒树、黑枣树、核桃树等种植在梯田中的经济树种还可以截留降水，并且防止土壤溅蚀，其枯枝落叶还可以减少地表径流。最后，梯田土壤的下方是层叠的石块，由下到上依次为大石块、中石块和小石块。土壤在纵向压力的作用下与石块十分紧密，石块间的缝隙还能够储存水分，从而起到显著的水土保持作用。

研究表明，石堰梯田的土壤侵蚀强度远远低于其他土地类型，因此石堰梯田的土壤保持量明显高于其他土地类型。据测算，单位梯田面积的土壤保持量约为单位非梯田面积的4倍。而就土壤废弃损失价值来说，单位非梯田面积的损失是单位梯田面积的8.8倍。

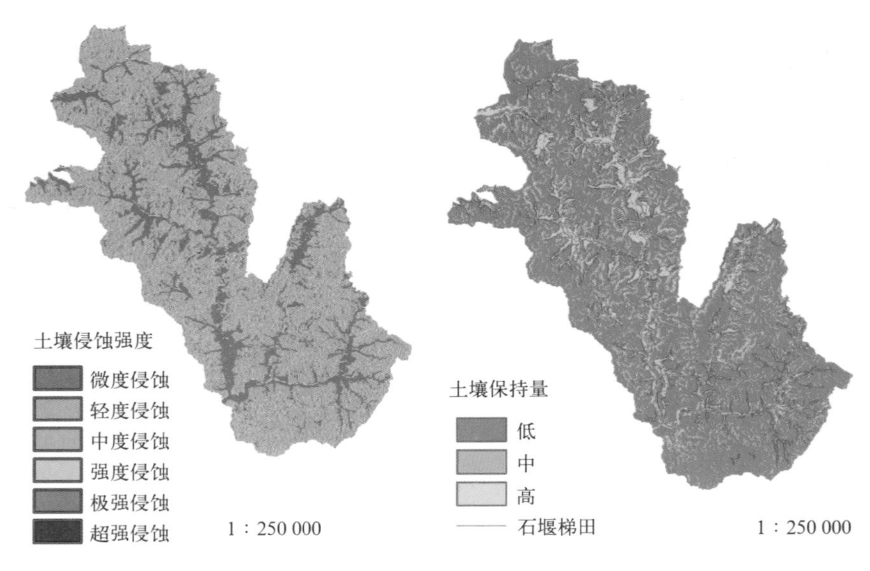

2017年遗产地土壤侵蚀强度与土壤保持量空间分布（孙建、周天财/绘）

2. 生物多样性保护

涉县旱作梯田系统具有重要的生物多样性保护功能。石堰梯田里种植了丰富多样的粮食作物、经济作物和经济树种，不仅显著提高了系统的农业生物多样性，而且对相关生物多样性的保护也起到重要作用。研究表明，衡量相关生物多样性的，如物种丰富度指数、辛普森指数、香浓指数和均匀度指数的平均值均为：山腰梯田>山顶林地>山脚河滩地。山顶虽然植被覆盖度较高，但是物种单一。河滩地地势相对平坦，但是单位面积物种的多样性并不高。石堰梯田里粮食作物、经济作物与经济树种形成了农林复合结构，这使得梯田里的相关生物多样性显著增加，并极大地增强了整个系统的稳定性。

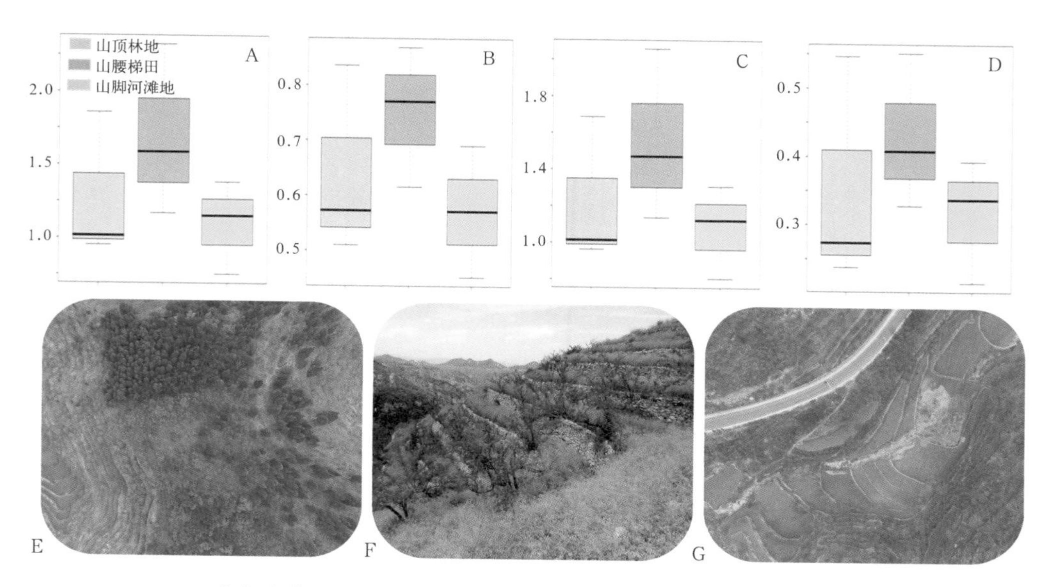

遗产系统不同位置相关生物多样性差异（孙建、周天财／绘）

注：A～D分别代表物种丰富度指数、香浓指数、辛普森指数和均匀度指数；E～G分别为山顶林地、山腰梯田、山脚河滩地实景照片。

石堰梯田还含有丰富多样的土壤微生物。研究表明，梯田土壤微生物种类数量明显高于裸地。这可能是因为石堰梯田能够有效地减少水分和养分的流失，使得土壤中含有更多水分和营养，为多种土壤微生物创造了有利的生存和繁殖条件。

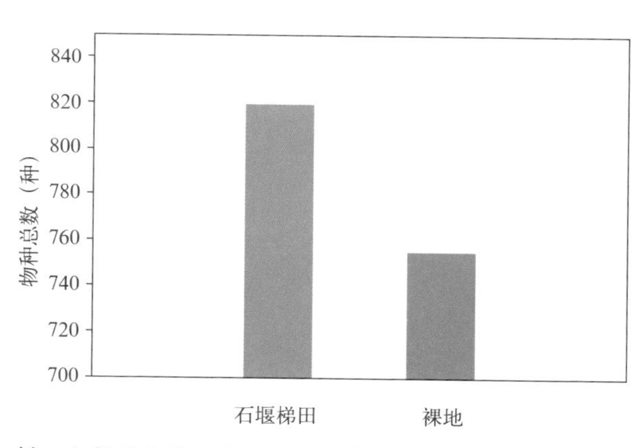

梯田与裸地土壤微生物种类数差异（孙建、周天财／绘）

梯田与裸地土壤微生物均集中分布在细菌部分，包括拟杆菌、厚壁菌、变形菌等，但是梯田土壤中细菌种类的分布更加均匀。

3. 养分循环

涉县旱作梯田系统具有重要的养分循环功能。当地农民常年用作物秸秆饲养毛驴，并以作物秸秆与驴粪沤制有机肥还田，亦直接将作物秸秆还田。据调查，当地农民利用作物秸秆过腹还田、堆沤还田和直接还田的比重大约为50%、20%和30%。长期的秸秆还田能够显著提高土壤肥力，并进而改善土壤结构，不仅巧妙地解决了养分转化和土壤培肥问题，而且实现了梯田内部的养分与物质循环。另外，石堰梯田里种植着花椒树、黑枣树等经济树种，其枯枝落叶经微生物分解变为有机质亦能够增加土壤肥力。

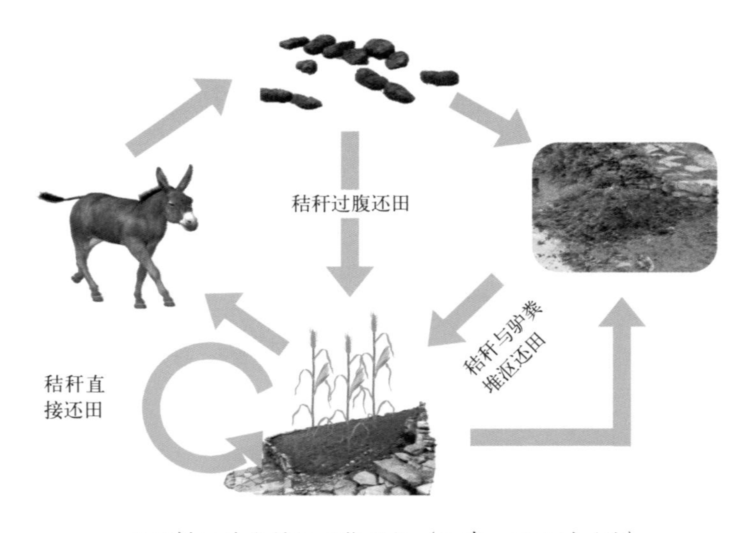

石堰梯田养分循环功能图解（孙建、周天财/绘）

比较梯田和裸地的土壤养分，发现石堰梯田的土壤有机质、土壤总碳和土壤总氮的平均含量均显著高于裸地；石堰梯田的土壤铵态氮、土壤硝态氮和土壤速率磷的平均含量亦高于裸地。

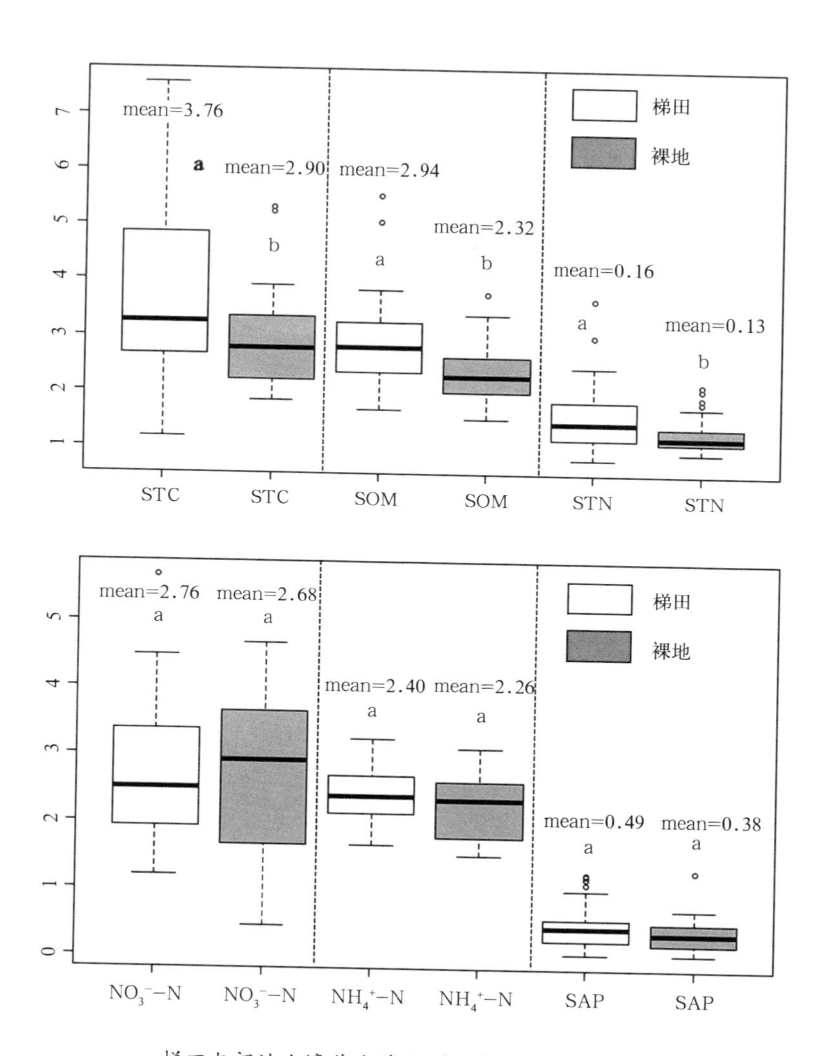

梯田与裸地土壤养分差异（孙建、周天财／绘）

注：STC、SOM、STN、NO_3^--N、NH_4^+-N和SAP分别代表土壤总碳（%）、有机质（%）、总氮（%）、硝态氮（毫克／升）、铵态氮（毫克／升）和速率磷（毫克／升）。

四 熟稔：历久弥新的农业技术

涉县旱作梯田系统蕴含着当地劳动人民丰富的生产生活经验，形成了具有地方特色的传统知识与技术体系。在系统尺度上，形成了以梯田建造、梯田维护、集雨蓄水为主的水土资源利用技术；在农田尺度上，采用间作、套作、轮作、混作等种植模式，形成了包括选种、耕地、播种、施肥、间苗、除草、杀虫、灌溉、收获在内的一整套耕作技术；在村落尺度上，粮食储存、石屋修建等技术起到重要的支撑作用。

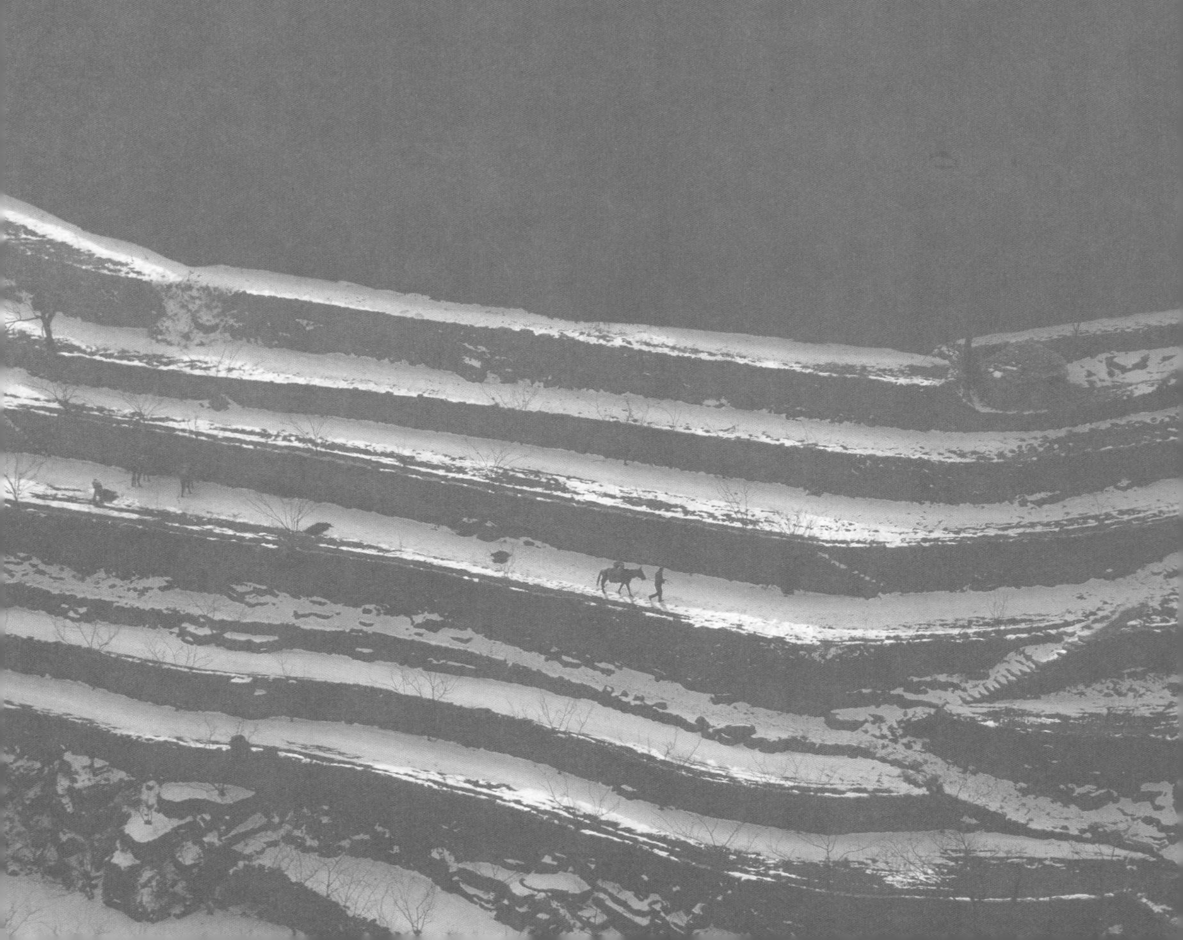

（一）石堰梯田修建与养护技术

1．梯田建造

石堰梯田的建造过程包括修建石庵子、垒石堰和回填土三个环节，是当地人充分利用土石资源的集中体现。

（1）修建石庵子

在修建石堰梯田前，首先要在选定区域的山坡上搭建石庵子，为修梯田的人提供休息避雨的场所。梯田建好后，石庵子仍留在原地，成为储存农具等生产资料和农民劳作间隙休息的重要场所。石庵子一般呈正方形，高宽约2米，是由修整过的石头堆砌而成的，修建时间需要10天左右。

石庵子（涉县农业农村局／提供）

（2）垒石堰

石庵子建好后，将梯田地基的渣土挖出放置在一边，然后开始垒石堰。石堰由垂向石块交错垒成，且下层石块大、上层石块小，形成层间镶嵌结构。内部田块的石层堆积与垒石堰同时进行，同样遵循“大石块在下，小碎石在上”的原则，并在最上层留出回填土壤的空间。

石堰的侧视图（左）与俯视图（右）（李禾尧、张碧天／摄）

（3）回填土

石堰修好后，人们将土壤回填入田块最上层。由于当地土壤较为稀缺，人们或将山坡上的土壤收集起来，或到周边地势较为低平的区域收集土壤，用扁担运送回来，把土壤平铺在石堰内侧的碎石上，最终形成可耕作的田块。

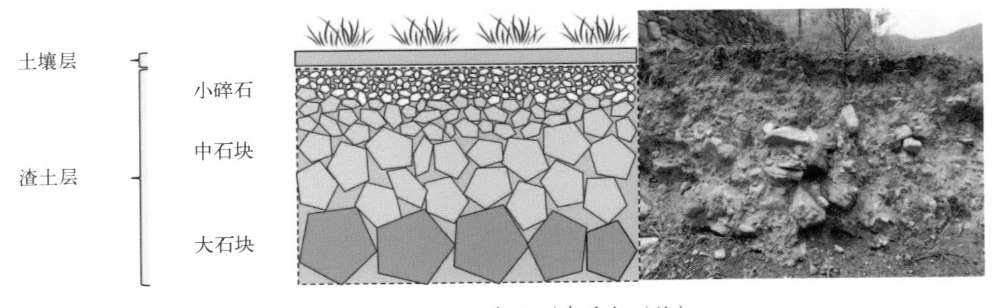

内部田块垂向结构示意图（李禾尧／绘）

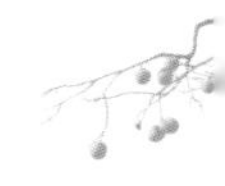

2．梯田养护

（1）在石堰边栽种花椒树

在长期的农业生产实践中，当地农民发现在梯田石堰边种植花椒树，形成石堰梯田的“绿篱”，对梯田的维护有着重要作用。花椒树根系的延伸与盘绕不仅能够显著增强石堰的结构稳定性，还能够蓄土保墒、减少水土流失。

在梯田石堰边栽种花椒树（李禾尧／绘）

（2）清理石堰边藤蔓植物

当地农民每隔2年对梯田堰边生长的藤蔓植物进行清理，以消除其争水争肥对作物生长的不利影响。具体做法是从石堰内侧挖一条50厘米至1米深的沟，将其中藤蔓植物的根系清除干净，然后再用土石把深沟填平。

（3）“悬空拱券镶嵌”结构

石堰梯田的田块较为狭窄，在耕作过程中石堰易发生坍塌。另外，当地在7～8月洪涝灾害频发，石堰被洪水冲毁的情况也频有发生。为了修复损毁的石堰，当地人们创造性地发明了“悬空拱券镶嵌”结构（表13）。

在修复损毁的石堰时，先修建一个悬空拱券，再在拱券上垒砌石堰。根据实际需要，可以选择在拱券下回填石土，也可留下作为田间储物与人畜休息的空间。

表13 “悬空拱券镶嵌”结构建造工序

工序	名称	工作内容
①	清现场	清理石堰坍塌处，收集石块
②	挖腿基	将坍塌处两侧的土挖出，找到石堰底
③	垒拱券	用小石块搭框架，垒建拱券
④	合拢口	用形状方正的石块放在拱券正中
⑤	垒券顶	将石堰垒回原先的高度
⑥	回填	在拱券下方回填土石

①清现场

②挖腿基

③垒拱券

④合拢口

⑤垒券顶

⑥回填

“悬空拱券镶嵌”结构建造过程（贺献林／摄）

“悬空拱券镶嵌”结构是石堰梯田修复技术的代表，既能保证石堰结构坚固，又充分利用了当地的石头资源。“悬空拱券镶嵌”结构还被用于石质拱桥建设。

“悬空拱券镶嵌”结构的拱桥（涉县农业农村局／提供）

（二）独特的水土资源管理技术

遗产地农业生产用水与日常生活用水基本上全部来源于降水，而当地的降水多集中在夏季。为了解决降水年内分配不均与生产生活用水需求之间的矛盾，当地人历来重视雨水的蓄积与贮存，采取了蓄水保墒的传统耕作技术，建造了一系列集雨储水设施，如水窖、水井、水池、水柜、水库等。土壤则是关键的蓄水空间，直接将大气降水贮存在梯田中，保障农作物用水需求。

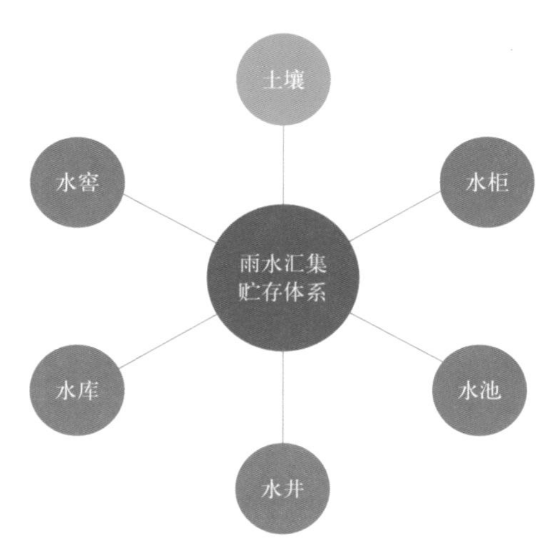

雨水汇集贮存体系（李禾尧/绘）

1. 水窖

水窖历史悠久，人称“传家宝”。有的建在村民院落中，有的建在街巷稍宽处。一般选取地势较低洼的位置，先在地面下用石头垒建储水空间，然后再分别在地面上选取合适位置修建窄口的进水口与广口的取水口。使用时，将水桶用绳索系好，自取水口向下吊入，取用经过沉淀的雨水。

进水口

取水口

取水桶

水窖的组成（李禾尧、张碧天/摄）

2．水井

位于村中的水井（涉县农业农村局/提供）

由于当地年际降水具有很强的季节性，因而地下水是当地居民在雨水短缺时仰赖的水资源。随着打井活动的开展，水井逐渐出现在村落的主要街道旁边，为村落提供公共水资源。

3．水池

水池分为古池与现代池。古池修建年代不详，大多建于村外或村中空旷处，用于积蓄雨水，供村民洗涤、生产、人畜饮用等。部分旧池在20世纪70年代以后改建成现代池，主要用于抗旱播种。

4．水柜

位于山腰的水柜（涉县农业农村局/提供）

遗产地的水柜分两种：一种建在村民院落间，主要用于蓄自来水、雨雪水，供村民生活用水，类似储水量较大的水窖；另一种是由村集体或多村联合建设的大型水柜，位于山腰或山顶，蓄水量较多，供农业生产时就近取用。

5．水库

水库是梯田山区生态水网工程的主体部分。水库是近年来由政府出资建设的，具有防洪、蓄水等多种功能。

王金庄村月亮湖水库（涉县农业农村局/提供）

为了实现水资源的可持续利用，当地人们将日常生活用水划分为不同用途。针对不同用途，不同集雨蓄水设施中的水有不同的使用等级。例如，院落中水窖贮存的水主要用于饮用，水柜与水库的水主要用于农业灌溉，水池里的水主要用于洗衣、洗菜与建筑修缮，应急备荒则主要依赖水库与水池中的蓄水（表14）。

表14　日常生活用水的分类使用

用途	使用优先级			
	1	2	3	4
人畜饮用	水窖水	水井水	山泉水	水池水
农业生产	水柜水	水库水	河沟水	水池水
洗涤清洁	水池水	水井水	河沟水	—
建筑用水	水池水	水井水	—	—
应急备荒	水库水	水池水	—	—

（三）保墒精耕的旱作农耕技术

1. 种植制度

涉县旱作梯田系统的种植制度在过去为一年两熟制，主要类型有小麦－谷子、小麦－玉米、小麦－大豆等。受到种植结构调整的影响，涉县旱作梯田系统如今为一年一熟制，以种植玉米、谷子、大豆等秋粮作物为主，小麦则鲜有种植。

石堰梯田依山而建，不同海拔高度、不同地理位置的温度、光照、土质、水分等条件差异较大，适合种植的作物种类、作物品种以及耕作方式也不尽相同。长期以来，当地人们遵循“因地制宜，因时制宜，因物制宜”的原则，形成了一套适合当地气候及地理条件的种植模式（表15）。

表15　石堰梯田的主要种植模式

种植模式	举例
混作	不同蔬菜混作
间作	高粱－玉米、高粱－谷子、玉米－豆类、玉米－薯类、玉米－蔬菜
套作	玉米－菜豆、玉米－南瓜、玉米－豆角
轮作	玉米－谷子、玉米－大豆、谷子－豆类、不同谷子品种轮作

当地人们利用不同作物的相近生育期，进行间作套作以提高单位面积产量，如玉米－高粱间作、谷子－高粱间作、玉米－菜豆套作、玉米－南瓜套作等。当地人们还通过轮作模式保持土壤肥力、减少病虫害发生。较为常见的是玉米和谷子隔年轮作，有效避免了连作引起的减产问题。也有人利用不同的谷子品种进行轮作，以达到防治病虫草害的目的。

玉米－南瓜、玉米－菜豆套种（涉县农业农村局／提供）

当地人们还利用同一作物不同品种的生育期不同或不同作物的生育期不同，进行错季适应栽培。例如，雨季来得早可播种生育期长的谷子品种如“来五线”“大黄谷”，雨季来得晚可播种生育期短的谷子品种如“60天还仓”或播种黍子。

此外，当地人们在石堰边种植花椒，在田块上种植黑枣、核桃、柿子、木檫等。这些经济树种与粮食作物、经济作物形成了农林复合结构，不仅增强了梯田的水土保持能力、增加了梯田里的生物多样性，而且实现了土地空间的充分利用、提高了梯田单位面积产量。此外，花椒的挥发性物质还具有杀菌驱虫的作用，在一定程度上减少了农作物病虫草害的发生。

2. 耕作技术

涉县旱作梯田系统秉承了中国传统农业的精髓，形成了精耕细作、集雨保墒、用地与养地相结合的耕作技术。

（1）选种

根据当地气候及地理条件，人们在石堰梯田种植适应能力强、

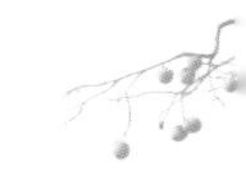

增产潜力大的谷子、玉米等粮食作物以及花椒等经济树种。经过长期的劳作实践，当地人选育出丰富多样的耐旱、抗病、抗逆性强的农业品种。

穗选法是当地人选育良种的主要手段。作物成熟时，通过在田间观察种子颗粒是否圆润饱满、色泽鲜亮，从而筛选出值得留种培育的作物品种。穗选法在20世纪60年代得到规范与普及。时至今日，许多地方玉米品种如“金皇后”“白马牙”仍被村民们以此方式保留并种植。

20世纪60年代的玉米选种（涉县农业农村局／提供）

（2）耕地

人们为适应当地的自然条件，总结出“三耕两耙”的耕地技术（耕：把土翻开；耙：平整地表）。

①播种前“春耕春耙：一般在3～4月进行。主要目的是切断土壤毛细管，减少土壤水分蒸发，保持土壤含水量。耕地时将肥料与土壤充分混合，为播种做好准备。

②播种后“中耕不耙：一般在5～7月进行。主要目的是提高土壤保水能力，蓄水保墒。

③收获后“秋耕秋耙：一般在10月左右进行。主要目的是利用低温灭杀有害病菌和害虫，利用下渗的雨水增加土壤含水量。

作物＼月份	1	2	3	4	5	6	7	8	9	10	11	12
谷子玉米				播种	间苗			收获				
			春耕 施肥	灌溉 除草	中耕		灌溉 除草	追肥 杀虫		秋耕		
花椒			灌溉 除草	施肥			追肥 杀虫	收获		剪枝 施肥		

石堰梯田耕作时间表（李禾尧／绘）

春耕（涉县农业农村局／提供）

（3）播种

谷子、玉米等秋粮作物的播种时间一般在4～5月（具体时间视气温和降雨情况而定）。受到石堰梯田的地形限制，大多数农民目前仍采用耧播、沟播等传统播种方式。耧播即由驴骡牵引木制的耧播机，在耕地的同时完成播种；沟播即先由驴骡或人力耕作，然后进行人工撒播。

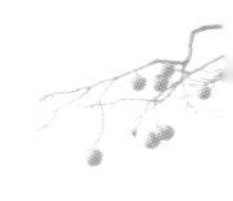

耧播（左）与沟播（右）（涉县农业农村局／提供）

（4）施肥

在长期的耕作实践中，当地人利用农家肥来保持土壤肥力，既实现了物质循环利用，又防止了土壤养分过剩。当地农家肥的种类很多，包括厕肥、厩肥、秸秆堆肥、积叶绿肥、秸秆薰土、草皮薰土、打炕土、下房土、花椒籽饼肥等。

当地人们通过三种方式长期将秸秆还田：一是驴骡“过腹还田”，秸秆由饲料转化为驴粪，可以直接在梯田施用；二是“堆沤还田”，村民们平均一个月清理一次驴圈，将驴粪与秸秆、人粪便混合进行沤制发酵，作为上等的农家肥使用；三是“直接还田”，在秋收后将秸秆就地焚烧，将草木灰随秋耕翻入土壤中。据调查，当地农民利用作物秸秆过腹还田、堆沤还田和直接还田的比重大约为50%、20%和30%。

谷子、玉米等秋粮作物一般需施肥三次，其中底肥一次、追肥两次。底肥多为农家肥，在春耕时施用。当地人在耕地前把肥料撒在地表，耕地时将肥料翻入土内；或先耕地，形成沟垄后将肥料撒在沟内，并填土撒种。以前当地人多使用稀释的人粪尿进行追肥，现在也

秸秆堆肥（涉县农业农村局／提供）

秋冬季花椒树施用人粪尿
（涉县农业农村局／提供）

谷子间苗（涉县农业农村局／提供）

田间锄草（涉县农业农村局／提供）

会使用适量的化肥，如碳酸氢铵、尿素等。第一次追肥在间苗后，第二次追肥在抽穗前，主要采用撒施的方式。

花椒一年也需要施三次肥。第一次施肥一般是在秋冬季后或春季对农作物施底肥时同时完成的；第二次施肥一般与农作物间苗后追肥同时完成，不同的是还需要补施叶面肥；第三次施肥则是在收获后剪枝时完成。

（5）间苗

在谷子、玉米长至10厘米时要进行间苗，以保证幼苗有足够的生长空间和营养面积。通过及时拔除一部分幼苗、选留壮苗，可以使苗间空气流通、日照充足。

（6）除草

在缺土缺水的环境里，杂草对农作物的生长具有较大威胁，因而当地农民养成了农闲时勤到地里锄草的习惯。谷子、玉米等秋粮作物的生长过程中至少要锄草三次，第一次在出苗后不久进行，待长至50厘米（6月底）进行第二次，至8月上旬抽穗前进行第三次。锄草也是春耕与秋耕时的重要任务之一。

（7）杀虫

长期以来，当地人通过作物间作、套作、轮作、混作等种植模式，有效地减少了虫害的发生。栽植于石堰边的花椒树也

具有良好的驱虫效果。20世纪90年代以来，随着农药的推广普及，农民们也逐渐开始利用低浓度农药驱虫防虫。谷子、玉米等秋粮作物的驱虫（杀虫）工作一般随除草进行，花椒则视情况而定，如有虫害发生则喷洒适量农药。

（8）灌溉

由于缺乏水源，农民在春播期间利用分布在梯田间的水柜、水池等储水设施，通过担水、驮拉水、引水等方式取水灌溉。播种后的灌溉主要依靠大气降水。若发生旱情，则随时到储水设施取用。

（9）收获

在长期的生产实践中，当地人对谷子、玉米等秋粮作物的收获已经总结出一套经验，从收割、运输到储存，每个环节都蕴含着无穷的智慧，真正做到了颗粒还仓。

谷子收获：

①**扎捆**：村民们先将谷穗割下并扎成捆，由驴骡从田间地头驮到村中的开阔地（如小剧场、小广场等）；②**打场**：将谷穗平铺在地面上暴晒后，村民们驱赶着驴骡打场，即驴骡牵拉着石头轱辘在谷穗上碾压；③**扬场**：扬场即用木耙把谷粒扬到空中，将较轻的谷糠分离出去，或借助鼓风机将谷粒和谷糠分离；④**碾米**：经过驴拉石磨使谷粒被碾成可以食用的小米；⑤**还田**：剩下的秸秆一部分成为驴骡的口粮，另一部分由驴骡驮回田间，用于沤肥或直接还田。

收割谷子（涉县农业农村局/提供）

碾谷子（涉县农业农村局/提供）

运输玉米（涉县农业农村局／提供）

玉米收获的工序比谷子简单许多。村民们在田间直接将玉米掰下，集中收集在箩筐中由驴骡驮回家，而秸秆直接堆放在田地里，待秋耕时处理。

花椒成熟期在每年8月中旬，山间弥漫着扑鼻的椒香。由于花椒树栽种在石堰边，果实较小且树枝上有许多小刺，花椒采摘一直以来只能通过人工方式。村民们自制了各式各样的网兜，悬挂在树枝下方便收集花椒。采摘花椒的劳动强度是所有作物收获时最大的。

花椒采摘

收集花椒的网兜

收获花椒（涉县农业农村局／提供）

3．农用器具

在长期的农业生产实践中，当地人们充分利用当地的自然资源制作农用器具，以满足多样化的使用需求。世代沿用的传统农具体现了当地人们的生存智慧。

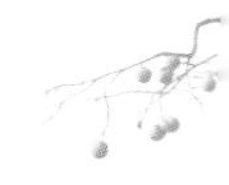

镰刀（收割作物、锄草）

耙（晒作物、清扫落叶）

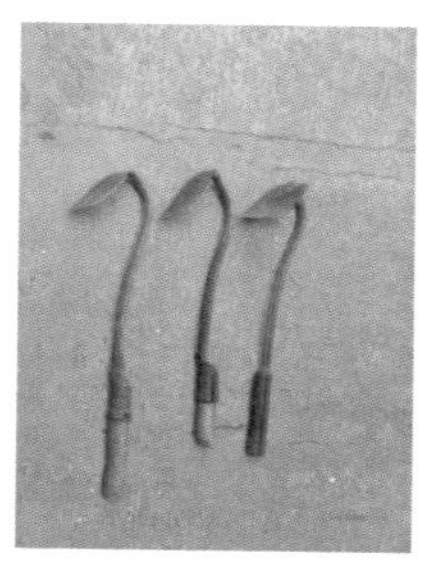

镢头（刨土、挖石）

锄头（翻整土地）

耢（平整土地）

铡刀（切碎干草、秸秆）

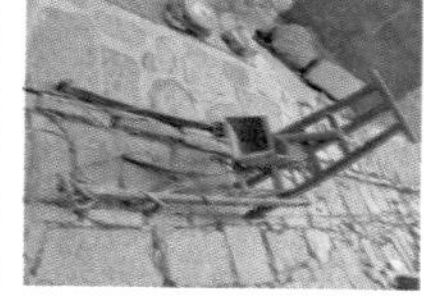

耧（牲畜牵引播种）

箩头（挑肥、担石）

部分传统农具（涉县农业农村局/提供）

（四）相关支撑技术

1. 粮菜储存技术

“家里有粮，心里不慌”的古训时刻在提醒着当地人要居安思危，提早为灾馑之年做准备。在长期的实践中，他们发明了特殊的储存粮菜的方法，即“瑄存小米窖藏菜”。“瑄”是专门用来储藏小米的，一个瑄能保存一千多斤[①]粮食，足够一家4～5口人安稳度过灾荒年。在农户家里，人们常常会在堂屋的地下挖一个石窖，用于储存蔬菜。利用石窖天然形成的近似恒温恒湿的环境，能较好保存萝卜、土豆、红薯等，使一家人在青黄不接的冬季保持膳食营养的平衡。此外，人们还会在秋季将豆角、南瓜等蔬菜切丝或切片晒干，以备深冬及早春食用。

① 斤为非法定计量单位，1斤=0.5千克。——编者注

瑄（左）与窨（右）（涉县农业农村局／提供）

2．石屋建造技术

根据缺土多石的自然环境特征，当地农民以青石、黄流石等作为材料修建了壮观的石头村落。石屋搭建的基本步骤为：

①平整地基和铺石板。从选址点向下深挖至石层，平整地基后铺一层石板，预留水窨进水孔与排水孔，起到支撑房屋、抬高院落、排水疏通等作用。

②垒墙。石屋大多依山而建，采用“三七土”填充背墙与山体之间的缝隙，防止渗水破坏房屋主体结构。垒墙按照从外到内，从主屋到东、西、南屋的顺序进行。

传统民居院落（涉县农业农村局／提供）

③空间分配。当地院落一般呈“回”字形，大门位于东南角。南屋与北屋多用作居住，南屋在人口较少时也可作为农具存储空间。当地农民还专门为驴骡准备了独立而较为宽敞的房间。

五 钟秀：绚丽多彩的梯田文化

河北涉县旱作梯田系统

涉县旱作梯田系统的农耕文化非常深厚，无论是在生产方式上还是在日常生活中都有深刻的文化烙印，在太行山区乃至中国北方留下了浓厚的文化印记。当地人们在生产生活中，创造了独具特色的农耕技术，形成了丰富多样的文化习俗，使得遗产系统千百年来活态传承，历史上从未发生过间断。遗产系统的价值体系充满着传统农业的智慧，代表着中国北方旱作农耕文化的精华。

（一）民俗文化

1．节庆习俗

阴历腊月二十之后，家家户户都要摊小米煎饼。村民们每年过年前都会做很多，一般要吃到正月十五前后。大年初一早饭过后，人们带上香火和贡品到祠堂祭奠祖先，村中的老人还会到龙王庙求风调雨顺，到奶奶庙求多子多福，到马王庙为毛驴求身体健康。过年期间，全村会组织热闹的社火游行，舞龙、耍狮、扭秧歌，庆祝新年的到来。舞狮表演通常是庆丰收仪式的高潮，象征着村民们对龙腾虎跃、收成年年高的美好希望。

过年打社火的戏曲班子
（涉县农业农村局／提供）

舞狮

每逢佳节或集会庆典，民间都以舞狮来助兴。狮子是由彩布条制作而成的，每头狮子有两个人合作表演，一人舞头，一人舞尾。表演者装扮成狮子的样子，在锣鼓声响下，做出狮子的各种形态动作。中国民俗传统认为舞狮可以驱邪辟鬼。故此每逢喜庆节日、新张庆典、迎春赛会等，都喜欢敲锣打鼓，舞狮助庆。

舞狮表演（涉县农业农村局/提供）

关于老鼠的传说：传说正月初十这天要给老鼠娶媳妇，为了以后老鼠不偷吃粮食。此后便形成了正月初十时要吃小米捞饭供奉老鼠的习俗。

关于麻雀的传说：传说很久以前，涉县境内没有小米，是麻雀从远处衔来掉在地上才长出来的，因此当地人讲究在腊月初八这天喝用小米、花生、红枣、杂豆等熬的小豆稠粥，并在喝粥前仪式性地将少许粥甩在门道、梯子及房上让麻雀吃。还有一种说法是用粥糊住麻雀的嘴巴，来年不会糟蹋梯田里的庄稼。

每逢元宵佳节，村民们会在元宵社火中表演传统节目——《唱家庭》。作为邯郸市非物质文化遗产，《唱家庭》曲调简朴、悦耳，唱词朗朗上口、诙谐而深受群众的喜爱，数百年传唱不衰。每逢元宵佳节，《唱家庭》游唱到哪里，乡民便追逐蜂拥在那里，百听不厌。

《唱家庭》

《唱家庭》始唱于明末清初，最初有《美家庭》和《丑家庭》之分。《美家庭》唱词高雅，《丑家庭》唱词通俗。现在传唱的是《丑家庭》，《美家庭》已失传。

这是一出三个民间小调（今称“板”，两快一慢），表演形式独特。其唱词语意虽显俚俗，遣词造句却不失文采。主要表现了一个叫崔虎的武秀才与一个姓庄的富家小姐之间的爱恋缠绵。他们大胆追求自主婚姻，冲破世俗偏见，并最终结为眷属，组成“家庭”。昭彰了对封建桎梏的叛逆精神。

《唱家庭》由五个人演唱，一个丑角，为主唱。为增强喜剧效果，丑角常选用身材高于四个净角一头者扮唱。该角下穿大红彩裤，上穿长褐袍，用彩带将袍子下半截儿束腰间，袖子高高绾起，头上扎冲天辫，鼻子用白油彩画成蛤蟆样，上下唇中点两点口红，扮相滑稽有趣。两手掌中各握两块半圆形

《唱家庭》表演（涉县农业农村局／提供）

铜片，一边夸张地前后甩动胳膊，一边有节奏地敲击。四个净角为伴唱，无固定脸谱，一般淡淡抹些胭红、口红，各执一件乐器。分别是：惊急鼓——直径八寸[①]，厚二寸，用手指弹击；霸王鞭——一尺多长的竹筒上串着几串铜钱，用手来回“唰啷唰啷”有节奏地捋响；两个铜撞铃——每个撞铃由三个小铃铛组成，两手各拿一个有节奏地撞击；三弦——长约二尺，三根弦，琴杆粗5厘米，琴鼓用树疙瘩制成，正面平，反面凸，用手指弹拨。四个净角皆穿褐色长袍，戴锅盖形凉帽，待主唱声起，随即奏乐和唱。

在三四百年的传唱过程中，随着原唱词的逐渐失传，一些有才艺的表演者为丰富演唱内容，逗乐观众，又增加了即兴表演的成分。他们根据身边的境物人事，临机编词，随口演唱，观众常常被逗得哄然大笑，拍掌叫好——元宵节的欢乐气氛被《唱家庭》一波一波“闹”至高潮。

端午这天，小孩子们要带五色线辟邪，还要在脖子上戴香囊。香囊用红布包一瓣蒜，再放上几味中药，从远处就能闻到香味。有的缝成小老虎、布娃娃的形状，十分有特色。当地人心疼驴，端午这天会给驴也戴上五色线，祈求平安。

每年秋收时，当地人会组织村里的戏班（或从村外邀请）表演独具特色的平调落子，老人们敲锣打鼓，村民们围坐在打场的戏台边，借由戏曲抒发丰收时节内心的喜悦之情。

庆丰收

传庆丰收以健身娱乐为目的，自己制作服装道具，自排、自导、自扮、自演，全部以日常生活、劳动场景为素材，节目分6组，完美展现了丰收之后人民的喜悦之情和朴实纯真的生活风貌。

① 寸为非法定计量单位，1寸≈3.33厘米。——编者注

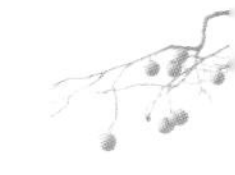

庆丰收表演（李禾尧/摄）

跑驴、跑旱船、跑竹马等是庆丰收时常见的表演项目。村民们装扮成毛驴等模样，随着锣鼓声欢快起舞，作为对毛驴辛勤劳动的感谢，也借此表达家户和谐、百事兴旺的祝愿。抬花轿是民间婚嫁文化习俗的一种表现形式，不仅有着悠久的历史性，而且还有着独特的趣味性。二鬼扳跌表演则通过一人分饰两角的形式，表达了人们对正义的追求和向往。

跑旱船

跑旱船是一种深受群众欢迎的娱乐节目。旱船多用竹片扎成船形骨架，在骨架上蒙上彩布，船的中部塑一亭阁，犹如一条古色古香的游船。表演者腰间系着船套，手拿船桨，以划船的姿势，边跑边唱。在欢乐的锣鼓声中，跑旱船沿着大街小巷，挨家挨户地拜年道喜，格外生动有趣。相传，跑旱船是民间为纪念大禹治水而创造的一种秧歌表演形式。大禹带领人们以疏导的方式，凿山成谷，引水入海。他还教会了人们造船，使人们在洪水到来之际乘船逃生。洪水退后，船被搁浅在陆地上，顽皮的孩子就把船拖到谷场上玩耍，后来就演变成跑旱船的娱乐形式。民间流行许多跑旱船的唱词，带有浓郁的生活气息。

跑旱船表演（涉县农业农村局/提供）

跑竹马

“竹马”即用竹竿、铁丝绑成马架，用纸糊裱，美化成马。在马背中央留一方口，可使演员从中站立，用布条从演员肩下垂吊马架于腰间固定，外穿服装演示，成骑马状，在围观的场中行走，名曰跑竹马。

跑竹马，一般在农历正月十五元宵节闹“红火”时活动于广场或街头巷尾。跑竹马的表演形式简便，动作也比较简单，跑动时，以走场为主，有“双进门”“四门斗”“水溜溜”“绕八字”“蛇蜕皮”“十字靠”“剪子股”“跑圆场”“二龙出水”“南瓜蔓”等十余种场图，表演时，伴奏乐器大多使用锣、鼓、镲等打击乐器。跑竹马从场线、队列、舞步表演上分；从音乐演奏上分有节节高、老开门、将军令；从节目内容上分，有白蛇传、战幽州、三打祝家庄、打渔杀家、回娘家、庆丰收等，内容更是新鲜、时尚、丰富。

跑竹马表演（涉县农业农村局／提供）

跑驴

跑驴，多在春节或赶会时随秧歌队表演，相传已有200多年的历史。跑驴中的驴形道具用竹、纸、布扎成前后两截，下面用布围住。表演者多扮成农村少妇，把驴形道具系在腰间，上身做骑驴状，以腰为中心，左右小晃身，

跑驴表演（涉县农业农村局/提供）

下身用颤抖的小步蹭动，模拟驴的跑、颠、跳、踢、惊、犟等动作和神态。演员上下身动作的强弱、大小、高低要相呼应，并与另一扮演赶驴的人相配合。跑驴一般都是表现一对农村新婚夫妻在回娘家的路上，过沟、爬坡、驴惊、抢救等经过，有说有唱有舞，诙谐风趣。跑驴伴奏乐器主要是唢呐，由唢呐、小鼓、大钹和小钹等十样景乐器吹奏。

抬花轿

抬花轿是民间婚嫁文化习俗的一种表现形式，不仅有着悠久的历史性，而且还有着独特的趣味性。

旧时，由于交通不发达，婚姻嫁娶，均以轿代步，一是显得隆重气派，二是表示热闹喜庆。抬花轿分平抬、闹抬、戏抬3种，要求步调一致，行动统一。行路途中，如遇转弯、沟坎等障碍时，均由前行轿夫喊出各种“彩头”予以提示。平抬，即抬着花轿平和行路，使新娘坐入轿中感到舒适；闹抬就

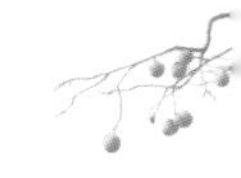

抬花轿表演（涉县农业农村局／提供）

是喊起号子，吹奏乐曲，鸣放鞭炮，使迎亲场面显得热闹；戏抬就是花轿快要接近男方家门前，轿夫采取摇、摆、抖等动作，使花轿处于不平稳状态，用以戏逗轿内的新娘。随行人员伴之喊叫、起哄，为轿夫助威；乐队亦随之鼓乐高奏，为轿夫鼓劲；迎亲者也随之抛出彩礼钱，以示喜庆，使其成为迎亲途中最为热闹壮观的场面。

二鬼扳跌

二鬼扳跌是一人背驮着二鬼摔跤道具进行表演的民间舞蹈，又叫“二娃摔跤”“二喜摔跤”。其道具是将一条小木凳翻过来，在凳腿上做草人，成摔跤状，外加衣褂伪装。将木凳固定在演员后背上，演员在地上爬扭，做与草人打架的动作。表演时，表演者背驮二鬼摔跤道具，通过表演者腿、背、臂等综合协调动作，给观众以两个“鬼”在摔跤的观演感受。二鬼扳跌源于明盛于明清时，距今已有700多年的历史，每年春祈秋报都要上演“打神戏”即

"二鬼扳跌",它渐渐由舞台表演变成了场地表演。二鬼扳跌表演妙趣横生,二鬼互扳为表现形式,实际寓意是"义""利"纷争,隐喻从义中取利的观念和做人的原则。从诙谐的二鬼相扳节奏中,表达了人们对正义的追求和向往。配乐由十样景吹奏,配火弹,在昏暗的灯光下表演,一场表演下来演员早已汗流浃背。

二鬼扳跌表演(涉县农业农村局/提供)

2. 传说故事

勤劳、勇敢、淳朴的涉县人民在长期的生产生活实践中发明创造了许多有地方特色的生产技艺,与此相应地也产生了丰富多彩的民间文学。这些脍炙人口的民间故事从不同视角、用不同方式反映了生产生活的发展规律和地域风情、处世哲学、人生哲理、忠孝节义、抨击险恶、讴歌真善美，从而使人们尤其是青少年从中受到教育。涉县是女娲故里，这里有很多女娲的民间故事，此外还有杨家将、刘罗锅、赵鸿举等名人的故事。

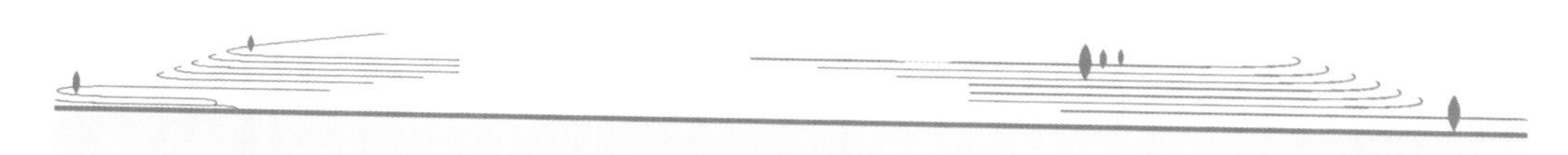

女娲抟土造人

女娲和哥哥伏羲结亲之后，开始生儿育女了。九个多月才生一胎，这也太慢了呀。女娲心想，照这样下去，大地什么时候才能有很多的人啊？不行，还得多想些办法。

一天，女娲从河边走过，河里倒映出她的影子，她心里忽然一动，我何不用河边的泥巴照着自己的样子，捏出一些人啊。她当下就在河边挖了些泥土，照着水里的影子捏出很多的女人；又想着伏羲哥哥的样子，捏了很多的男人。等把这些泥人晾干后，她再吹一口气，那泥人眼皮真的动了一下，眼睛一眨巴，欠身从地上站起来，真的就变成了活人。

打这以后，女娲天天捏泥人。左一个，右一个，一天能捏很多。有一回，她无意甩了甩沾满泥巴的手，那泥点落到地上就成了泥人。女娲这才知道，甩泥人比捏泥人快得多。后来她就拿柳枝在泥坑里蘸些泥浆，往坡前甩起泥点来。她这一甩，马上就甩出很多泥人来，把泥晒干后就收起来。有一天，泥人还没来得及收藏好，老天爷突然天阴下雨了。很多半干不干的泥人还没被安全藏在山崖下就被淋坏了，淋得缺胳膊少腿的。有的掉了耳朵，有的淋坏了眼睛。这些泥人后来就成了世上的残疾人。

要是天下人全靠女娲奶奶这样甩下去，就是黑天白日不睡觉，累脱魂也还是忙不过来。稍不小心，泥人还会被淋坏，终归还是很麻烦的事。女娲想了很长时间，猛地又想到一个办法，她让天下男女结成婚姻，相亲相爱，像伏羲哥哥和她那样，自己去生儿育女，传宗接代，这样就省了她许多的麻烦。于是，她就把不同性别的泥人搭放在一起，让他们后来结为夫妻。先上来她搭配得很细致，总是把俊的跟俊的放在一起，丑的跟丑的放在一起，这样他们就成为了后来的美夫美妻，或丑夫丑妻。再到后来，因为夜间瞧不清，女娲奶奶还是不肯停歇，她就把一些泥人搭配乱了，俊的配了丑的，好的配了残的，也有七八十的老翁配了十七八的黄花闺女的。这样，天底下就形成了许许多多的阴差阳错的婚姻。

因为咱们的祖先是泥捏的，所以直到现在，人们出汗以后，用手一搓，还是会从身上搓下泥轱辘来。

女娲补天

天底下有了人以后，世界越来越红火了。忽然，不知从哪里飞来两只大鸟。那鸟翅膀张开比炕席还大，嘴张开比铁锹板还大。为了抢抓一只豹子，两只鸟在山里打起架来，越打飞得越高，后来就打到云彩上去了。只听得半空里轰隆一声响，好生生一个天空，叫它们给打了一个大窟窿。窟窿里直往外吹黑风，黑风吹到哪儿，哪儿就看不见日头。没了日头，庄稼还怎么生长，人还怎么活啊？

女娲跑到塌天的地方——就是现在的唐王峧沟，她看准窟窿的大小，在凤凰山（后来改名为中皇山）沟里支起一口很大的锅，从漳河里捞出青蓝红白紫五色石子，放到锅里，用大火熬。石子熬化之后舀出来，烙成一张张石头煎饼。总共烙了36 500张，分成了12叠（这就是一年365天，每年12个月的原因）。她把石头煎饼带到天上，费了很大劲才把天补好。女娲回到地上重新看看天，满天龇牙咧嘴的石头块，看着实在吓人。女娲奶奶就往天上吹了一口气，把天全给遮起来。从那以后，地上的人再也看不见天空吓人的样子了，看见的都是蓝湛湛的青气。后来孔夫子造字，就把“天”字写成“靝”（音同“天”）字。

女娲为什么要在凤凰山炼石补天呢？据说有四个原因：一是因为那里有山有水，又有青蓝红白紫五色卵石，取材方便，施工方便；二是那里断崖齐峰，不受阻隔挂绊，飞天容易；三是正居九州之中，便于普救苍生；四是距天上塌窟窿的地方最近。因为女娲在凤凰山前抟土造人，炼石补天，立下汗

马功劳，玉皇大帝才封她为“中皇”。女娲奶奶又一直住在这里，凤凰山后来就改名为中皇山。

现在，清漳河里仍然铺着鹅卵石，石头呈青蓝红白紫五种颜色，据说是当年女娲补天剩下的碎渣儿。

3．农谚俗语

在长期的农业生产实践中，当地人用朴素的语言将顺应自然规律的农耕经验流传下来，做到“种在雨头、长在雨中、收在雨尾”，充分利用降水发展雨养农业，时至今日仍发挥着重要的指导作用。独具当地特色的二十四节气歌便是这一农业智慧的凝练表现。

二十四节气歌

立春天气暖，立秋栽白菜。雨水粪送完，处暑摘新棉。
惊蛰快耙地，白露打核桃。春分犁不闲，秋分种麦田。
清明多栽树，谷雨要种田。寒露收割罢，霜降把地翻。
立夏点瓜豆，立冬起完菜。小满不撒棉，芒种收新麦。
小雪犁耙闲，大雪天气冷。夏至忙锄田，冬至换长天。
小暑不算热，大暑正伏天。小寒忙买办，大寒要过年。

农时谚语

二月二，龙抬头，梳洗打扮上彩楼。
二月二，龙抬头，“生分”媳妇发了愁。

过了惊蛰节，犁地不能歇。
春耕不怕浅，就怕耕得晚。
春天不耙地，好比蒸馍跑了气。
深耕加一寸，顶上一层粪。
清明前后，种瓜点豆。
谷雨（种）谷，不如不（种）。
小满接芒种，一种顶两种。
五月龙嘴夺食。
芒种见麦茬，夏至麦青干。
六月六，看谷秀。
头伏萝卜二伏菜，三伏荞麦不用盖。
立秋前三天直白菜，后三天晚白菜。
立了秋，摘一沟（摘花椒）。
立了秋，挂锄钩。
立秋摘花椒，白露打核桃，霜降摘柿子，立冬打软枣，小雪收白菜。
处暑不出头，割谷喂老牛。
秋分早，霜降迟，寒露种麦正当时。
秋分谷上场，地冻萝卜长。
叶不落，地不冻，赶上毛驴一直种（小麦）。
热不过三伏，冷不过三九。
要想暖，椿树茹独老大碗。

农耕谚语

饿死老娘，不吃种粮。
好种出好苗，好树结好桃。
见苗三分收。
没土打不成墙，没苗产不出粮。

宁叫挠的脑（脑袋），不叫拍胯了（宁叫苗稠、不叫苗稀）。
种地不上粪，等于瞎胡混。
巧耕作不如多上粪。
犁地不耢，等于不闹。
伏天挠破皮，顶上秋后犁一犁。
头遍浅，二遍深，三遍把土拥到根（中耕）。
扫帚响，粪堆长，又干净，又丽靓。
苗薅寸，顶上粪。
立了秋锄小苗，一亩地打一小瓢儿。
人哄地皮，地哄肚皮。
麦收八十三场雨（指八月、十月、三月三场雨）。
人勤地生宝，人懒地生草。
栽桐树，养母猪，三年下来当财主。
人勤地不懒，种田七分管。
打一千，骂一万，数九叫驴吃碗面（喂牲口）。
山上多栽树，等于修水库。
水是一条龙，先从山上引，治下不治上，等于白搭工。
阳坡柏，背坡松，河沟里边杨柳青。
柿树不结埋得深，椒树不结剪得轻。
庄稼一枝花，全靠粪当家。
头遍刮，二遍挖，三遍四遍地皮擦（锄地）。
要想富多栽树，论快还是花椒树。

气象谚语

过了闰月年，跑马多种田。
牛马年广种田，就怕鸡猴这二年。
二月二雪水流，圪蔫饼搭墙头。

春雨贵如油。

芒种火烧天，夏至雨绵绵。

五月天旱不算旱，六月连阴吃饱饭，七月连阴烂一半。

八月十五云遮月，正月十五雪打灯。

吃了冬至饭，一天长一线。

霜打一大片，冰打一条线。

早霞不出门，出门大雨淋。

山根雾，晒破肚，天黄有雨，云黄有雪。

夏刮东风海底干，秋刮东风水连天。

云彩往东一场空，云彩往西水簸箕。

东虹日出西虹雨，南虹过来发大水，北虹过来卖儿女。

云彩往东，天气就晴，云彩往西，雨点簸箕。

云彩往南，旱地摆船。云彩往北，水淹房脊。

猫大叫，蛇过道，老鼠出洞雨快到。

老鸡进窝早，明天天气好。

蚂蚁搬家蛇溜道，老牛大叫雨来到。

蜻蜓飞得低，出门带雨衣。

勤劳节俭谚语

一分钱逼倒英雄汉。

人哄地皮，地哄肚皮。

饥不饥，随干粮。冷不冷，随衣裳。

缸口不省缸底省（迟了）。

栽树插柳，十年就有。

（二）毛驴文化

1．选驴

严酷的自然环境使得当地人对家畜的选择十分苛刻。综合耐力、寿命、爬坡能力、劳作能力和驯化难度五大标准，先民们选择了毛驴作为梯田农业生产的重要帮手。虽然马和牛曾经在历史上被使用过，但是最终也遭到淘汰，而骡子因略逊毛驴一筹，至今也只被少数人使用。

农活好伴侣（涉县农业农村局／提供）

2．用驴

毛驴在梯田农业生产中扮演着多种重要角色：在山高坡陡的石堰梯田，当地人仰赖毛驴驮运农具、粪肥、粮食、秸秆等；毛驴参与耕地、播种、施肥、收割等多个生产环节；驴粪是上等的农家肥，秸秆通过过腹还田或与驴粪堆沤还田，有效改善了土壤结构、提高了土壤肥力。长期以来，当地农民总结出一套驯养毛驴的技术，使其能配合人高效完成耕作。

毛驴的运输功能（孙庆忠／摄）

3．驯驴

当地人在驴长到5～6个月大时就调教它走路与驮物，并吆喝口令与其磨合。训练时间一般持续1年，驴就具有基本的劳动能力。对于公驴，当地人还要在其1岁多时进行“骟驴”手术，使其脾性更加温顺。摸清驴的脾性后，人们在干活时逐渐增加它的工作量，使其养成良好的耐受性和劳作习惯。训练有素的驴被视为“有灵性”，能够与人产生默契，做到自觉驮物、自主耕地、自寻家门等。

4．爱驴

充满“灵性”的驴（孙庆忠／摄）

由于毛驴是涉县旱作梯田系统的关键要素，当地人对驴的爱惜体现在农业生产和乡村生活的方方面面。人们不仅仅将毛驴视为进行农业生产的牲畜，还亲切地视其为家庭成员，在庭院中专门开辟空间搭建驴棚，在村中修建供驴通行

的驴道。

当地人把冬至作为驴的生日。这一天，人们不仅要给驴喂上好的草料，给它们改善伙食，还要早早起床，用南瓜、小米、各种菜豆和白面条煮一锅素杂面，犒劳毛驴一年辛苦的劳作，同时也表示对马王爷的感恩。正所谓“打一千，骂一万，冬至喂驴吃碗面”。

在长期与驴打交道的过程中，逐渐形成兽医、驴贩等职业。从精神层面上，人们也借由马王庙等特殊的宗教空间进行祭祀活动，祈求毛驴平安健康。

当地村民给驴过生日（王虎林/摄）

怀抱底下捏指头

牲畜市场的经纪人精通各种牲畜的年龄计算，通常是按口齿整齐情况推算的。他们在说合牲口价时，先不明说，而是在衣襟下或袖筒里或用手巾遮掩捏指头。变换手指，传递数字，指头的形状代表讨价的数码。

通常食指代表一，食指和中指是二，伸中指、无名指和小拇指是三，再添上食指是四，捏全掌指头是五，大拇指和小拇指是六，捏大拇指、食指和中指是七，撇大拇指和食指是八，食指一弯曲是九，手掌一反一正转一下是十。另有：五马掌、六角角、撮七、撇八、钩九、十端端的说法。

当然，用指头作讨价砝码的好处就是：人手自带、伸手可用、方便简单，这种交易方式是民间牲口交易中的创造，所以几千年来沿用至今。

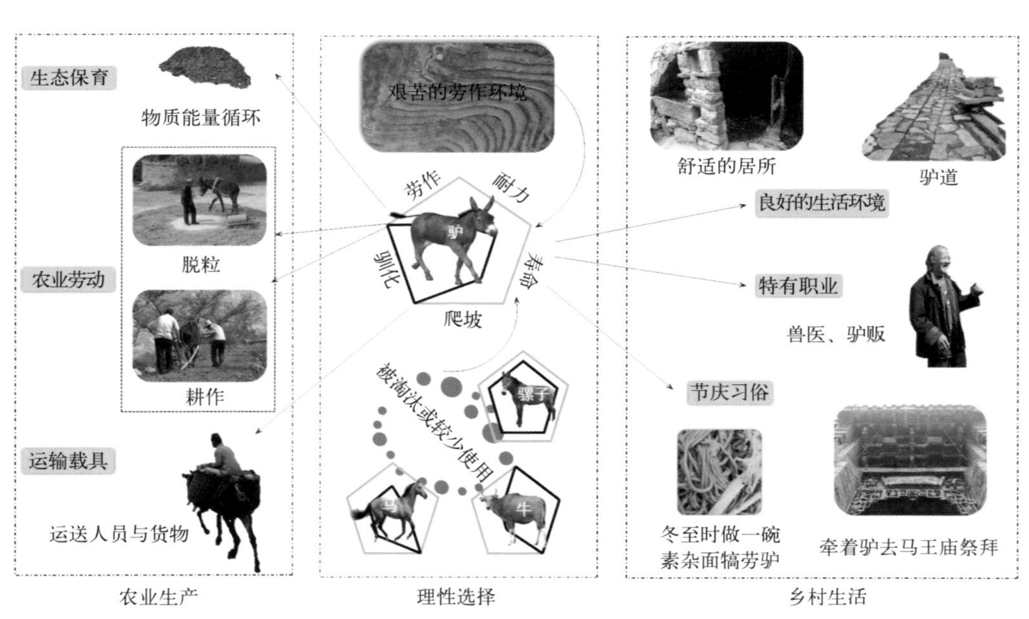

毛驴的生产作用与文化承载（李禾尧、周天财／绘）

（三）石头文化

1. 石头村落

在涉县旱作梯田系统内，依然保留着多个独具特色的石头村落。高低错落的石屋依靠山势，从沟谷底部向两侧延伸，随山坡形成多个层级。走进村落，随处可见不同年代兴建的石屋。一些年代久远的石屋虽已有几百年的历史，但仍保存完好，体现了明清时期的石质建筑风格。有门廊、有影壁，供奉着佛龛，垒着石灶。石街石巷、石房石院、石楼石阁、石阶石栏、石桌石凳、石碾石磨、石门石窗，处处是石，家家是石，浑然构成一座天然的石头博物馆。

石头村落风貌（涉县农业农村局/提供）

走近石屋，会被门头的装饰深深吸引。书庭是当地独具特色的建筑文化形式，其由院落大门两侧的石刻对联及门头横批组成，具有深厚的家族教育意义。除此之外，用于装饰的门石、石狮，用于生产生活的石槽、石臼、石碾、拱券等都是石屋的鲜明标志。

独具特色的书庭（李禾尧／摄）

2．石制器具

当地人充分利用丰富的石头资源，制作多种多样的石制器具，一方面满足生产与生活需要，另一方面借此满足精神需求。随着打石手艺的精进与人们需求的不断提高，逐渐分化出石匠职业，他们提供专门的石刻服务。在遗产地的传统村落中，随处可见的镇宅石、拱券石等，记录着当地人民独特的文化品格。

石碾（打谷脱粒和碾米）

石臼（捣碎打浆）

石槽（喂鸡喂驴）

拱券（加固房屋结构）

游艺石（休闲娱乐）

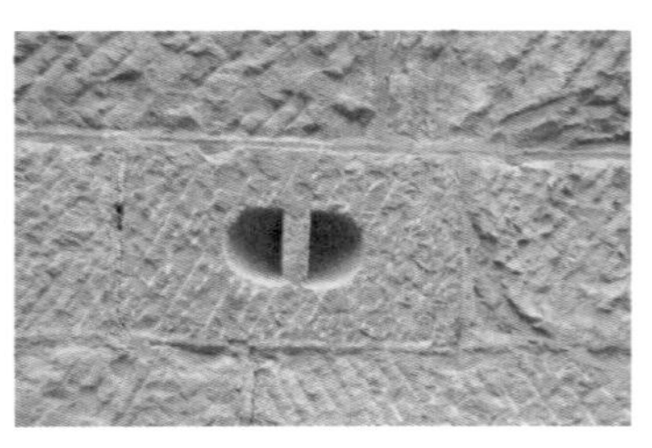

石环（临时拴牲口）

门石（装饰）

石敢当石碑（镇宅）

石狮（镇宅）

部分石制物品与器具（涉县农业农村局／提供）

3．石庵子

作为遗产地一种独特的建筑形式，散落分布在梯田之中的石庵子是石堰梯田厚重历史的明证。许多石庵子的石头上刻有“道光”“光绪”等年号，直观地证明了石庵子与石堰梯田的建造年代。时至今日，石庵子依然能够为人与驴骡提供遮风避雨的休息场所以及容量可观的储物空间，为当地农耕生产提供有力的支持。

冬日的石庵子（贺献林／摄）

（四）饮食文化

涉县旱作梯田系统地处山区，自然环境恶劣，物产较为匮乏，当地人因此形成了以杂粮为主的饮食文化。

1. 小米的食用

当地人将小米作为主粮，因此发展出许多食用方法，如小米焖饭、小米面煎饼、小米捞饭等。

（1）小米焖饭

小米焖饭的一种做法是将白菜或茄子等蔬菜炒好放在锅里，放入小米加盐加水一起焖熟，吃时不需另配菜便是一道美味可口的佳肴。另有纯小米焖饭做法，即配以炒胡萝卜条、土豆丝、野韭花或农家自制的酸菜。小米焖饭配胡萝卜条在涉县民间被戏称为“金米捞饭人参菜”，小米饭配酸菜好吃开胃，小米焖饭配野韭花别有风味，有的野韭花里还加了青花椒汁，味道更佳。小米富含丰富的蛋白质、脂肪和维生素，加上蔬菜的丰富营养，为村民一天的劳作提供充沛能量。

小米焖饭（李禾尧/摄）

（2）小米面煎饼

将小米面和白面混在一起，发酵后擀成薄饼，平底

锅中少放一点点油，把薄饼摊在锅内，两三分钟后就熟了，用萝卜干、萝卜条或干豆角做成的咸菜搭配着吃。

2. 玉米的食用

玉米是当地播种面积最大的粮食作物，自然成为当地人最为重要的主粮之一。当地人多先将玉米磨成玉米面，再与其他材料一起制作成各式美食，如抿节、饸饹、糠窝头、圐圙（ku lue）、玉米烙饼等。

（1）抿节

抿节是当地人一直喜爱的食物。用豆杂面、玉米面和少许白面和成团，沸水煮胡萝卜条、干扁豆丝等菜，打满小孔的铁皮加木框为抿节床，用手将面团自小孔抿入锅内沸水煮熟，淬油加葱、盐，浇入锅内即成。

抿节（上）与抿节床（下）
（李禾尧/摄）

（2）饸饹

饸饹过去一般用榆树皮晒干推成的面加上玉米面和成面团，然后用一种特制的工具制作。这种工具一般为铁制，由三条腿支撑着，大概有半人多高，顶端一个圆柱形中空盛器，将面团放入该盛器中，盛器底部布满圆孔，上面有个圆形铁制的盖子，盖上连接着一个摇杆，摇动摇杆，铁盖就会向下压，将面团从圆孔中压下，便得到了圆形的饸饹。饸饹面做好后，和抿节一样入水加蔬菜就可以吃了。

饸饹面（涉县农业农村局/提供）

3．蔬菜的食用

梯田内种类繁多的蔬菜或与粮食作物间作套种或成片种植，主要供农户自家食用。它们不仅丰富了农家餐桌的菜式，更满足了当地人的营养需求。例如，利用黑豆、黄豆、豆角等制作的菜肴，是重要的蛋白质来源；利用萝卜、南瓜、韭菜等制作的菜肴，是重要的维生素来源。每年春季花椒树发芽时节，当地人会将一些长势较差的芽苗采摘下来，入菜食用，比较有代表性的是花椒芽炒鸡蛋。此外，为了储存方便，村民们还经常制作一些酱菜，如山韭菜酱、西红柿酱等。

养生黑豆　豆芽粉条炒韭菜　豆角炒腊肉

泡椒萝卜条干　烧南瓜　花椒芽炒鸡蛋（李禾尧／摄）

当地农家菜肴（李禾尧／摄）

4．抗灾食物

当地人还充分利用其他农作物制作各种美食，如利用豆类制作豆浆、豆沫等。为了抵御灾害引发的饥荒，当地人长久以来有制作

和存贮炒面的习惯。由黑枣、红薯或柿子制作的炒面经久耐放，在历史上粮食匮乏的特殊时期，曾发挥着重要的“救济粮”作用。此外，村民们还经常采集一些野菜食用，如采集野韭菜做韭菜炒鸡蛋、采集野韭菜花做韭花、采集野小蒜做调料等。

5．野炊

野炊是遗产地的一种特色饮食文化。由于农户的耕地较为分散，加之山高坡陡、路途遥远，下地干活的农民们习惯随身携带炊具，中午在田边的石庵子搭建简易的灶台进行野炊。当地人野炊时通常把饭和菜放在锅里一同进行焖煮，如烹制小米焖饭。因其工序简易、耐饥且营养均衡，野炊作为一种饮食习惯传承下来。

当地农民在石庵子野炊（李禾尧／摄）

（五）价值信仰

1. 坚韧不拔的精神

遗产地石多土少，土地贫瘠，干旱少雨，自然条件极为苛刻。为了维护自身的生存和繁衍，当地人民不畏艰难，凭借“敢教日月换新天”的顽强毅力与勤劳的双手，用极其简陋的工具和当地丰富的石头资源修建了巍峨壮观的石墙石堰、曲折蜿蜒的石街石巷、规矩方圆的石院石屋、雕工细致的石门石窗、厚重敦实的石碾石磨，无不体现坚忍不拔的精神、巧夺天工的技艺以及适应自然的非凡智慧。

2. 珍惜水土资源

自宋元时期先民们开始修筑梯田起，当地人世代传承着“惜土如金、惜水如油”的观念，每次离开梯田时，都会把鞋脱下来在石堰边磕磕，只为不带走哪怕薄薄的一层土。当地人建设的集雨蓄水体系、选育的耐旱耐贫瘠作物品种、创造的“三耕两耙”耕地技术，无不体现着对水土资源的珍惜与高效利用。

3. 珍惜粮食

由于特殊的地理环境、频发的自然灾害，当地人在丰产年的背后也总有一种危机感，“家中有粮心中不慌”的古训时刻在提醒着他们。在长期的发展中，他们形成了藏粮于地的耕作技术、存粮于仓的贮存技术和节粮于口的生存技巧。每家的院落中都能找到用于贮

存的木瑄和地窖，制作黑枣炒面的技术也被村民世代传承。在日常饮食中，当地人从小受到严格的训诫，遵守每餐饭不浪费的规矩。这些传统知识和技术体系以及珍惜粮食的观念有力保障了当地人们的粮食安全、生计安全和社会福祉。

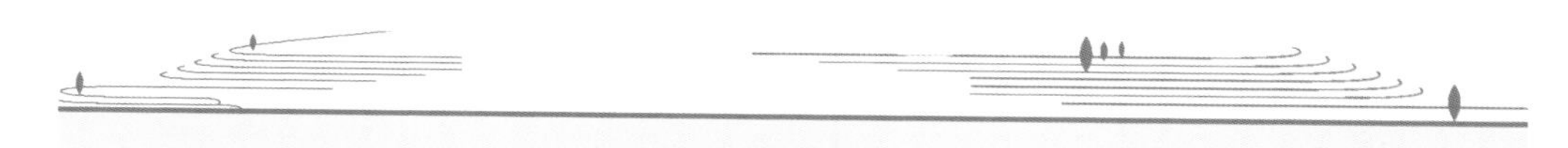

砍树与“还生土”

当地人在砍树时，首先要上供或鸣放鞭炮，一是告应土地神，我们要伐树了，如果在树下请躲避一下，以免惊扰。二是不论用斧头砍树，还是用锯来锯树，在大树倒地的那一瞬间，砍树人要在第一时间，从地上抓一把土，洒在朝天的树桩上，这把土叫“还生土”。这是当地人对自然的敬畏，也是一种感恩。据说洒过还生土，树林还可以发芽抽枝重新长成大树。如果白口朝天，恐怕不吉利。弄不好家里会出凶事，化解的办法就是搁上供品，专门为树上供。在伐树时，还有一句俗话叫“椿努谷嘟槐长芽”。也就是说砍椿树和槐树时，选择在春天发芽时，这时节伐下的树木木头不易被虫蛀，最为结实。

六 奇绝：磅礴壮观的梯田景观

河北涉县旱作梯田系统

涉县旱作梯田系统不仅在当地的农业生产中发挥着无可替代的作用，还具有独特的景观与美学价值。层层叠叠的石堰梯田，由山脚至山顶；纵横延绵近万里的石堰，如一条条巨龙起伏蜿蜒在座座山谷间。

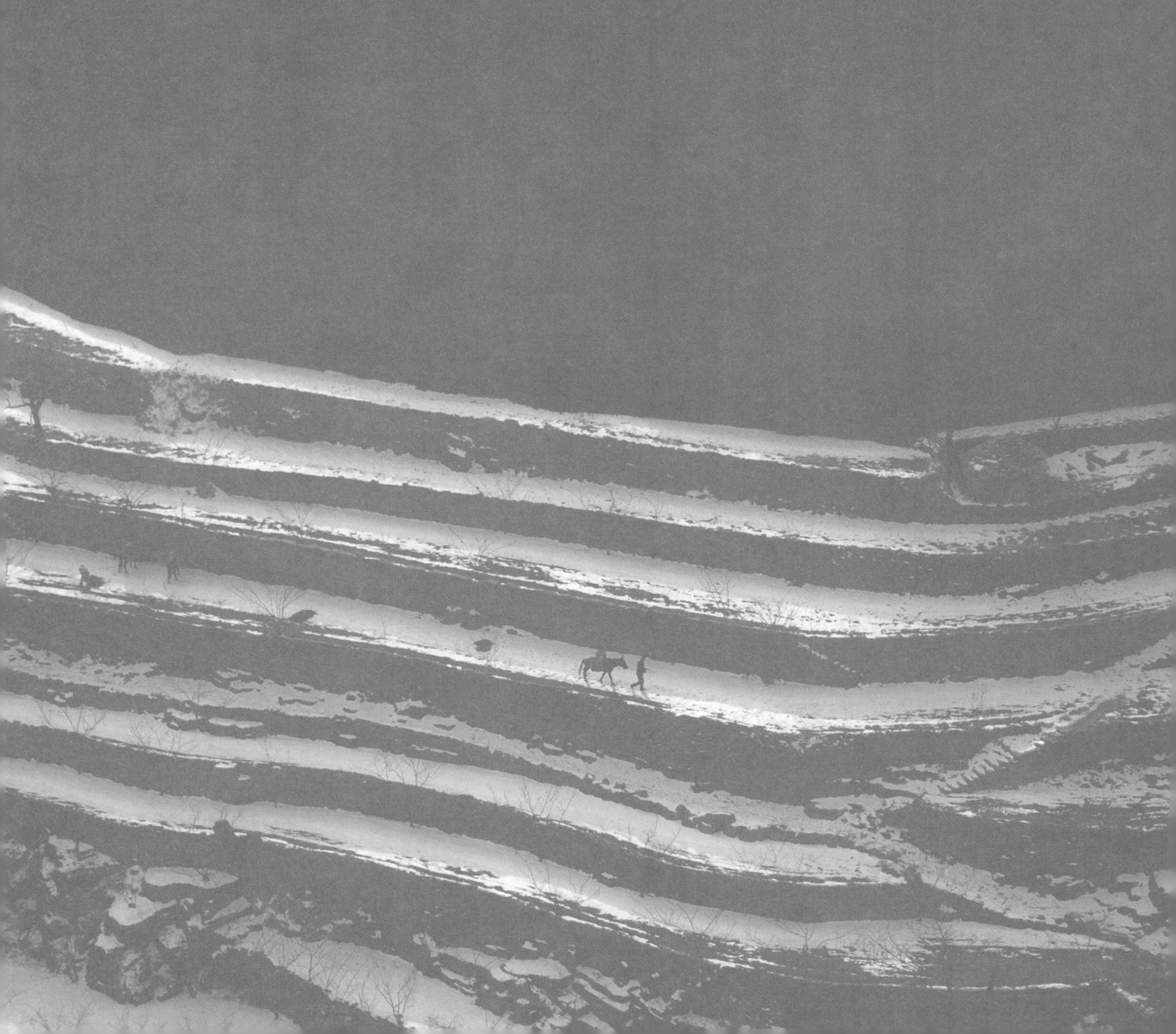

（一）梯田分布特征

1．分布范围

涉县耕地按形态和灌溉条件差异可分为石堰梯田、土坡梯田和水浇地三类，遗产地耕地类型为石堰梯田。2017年Landsat卫星影像显示，遗产地石堰梯田景观在遗产地占据着重要地位，景观面积达27.68平方千米（约2 768公顷），主要分布在沿河谷的山坡上。石堰梯田和林地是遗产地两大优势景观类型，分别占遗产地土地总面积的13.6%和77.4%；草地、建设用地和河流/河滩地分别占4.6%、2.8%和1.6%。

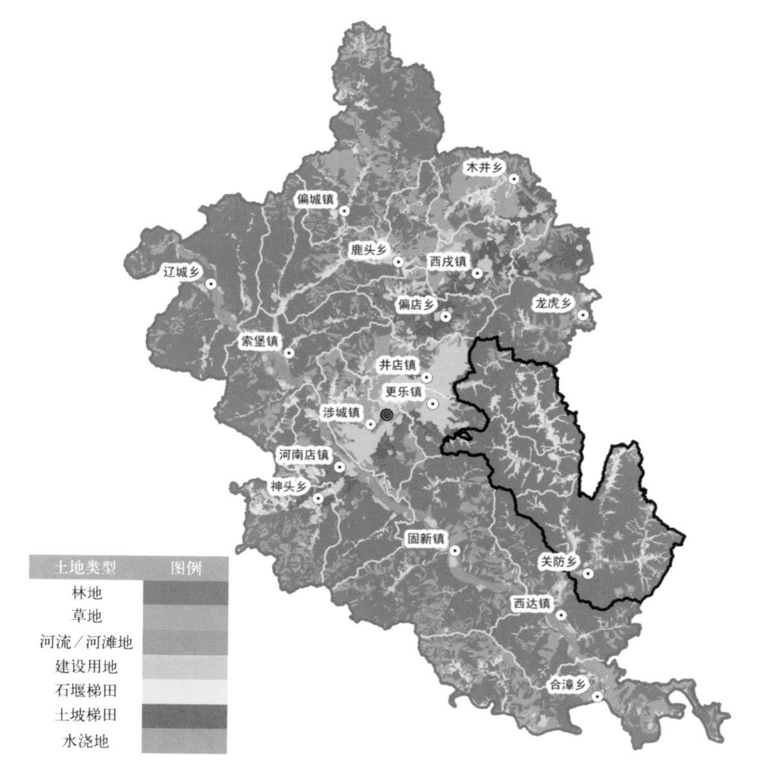

2017年涉县土地利用分布图（黑框内为遗产地）（杨荣娟、刘洋/绘）

遗产地范围内分布着涉县规模最大、分布最连续、形状最完整的石堰梯田景观。井店镇的石堰梯田规模最大，面积达到9.17平方千米（约917公顷），更乐镇的石堰梯田有6.55平方千米（约655公顷），关防乡的石堰梯田面积达到11.96平方千米（约1 196公顷）（表16）。

表16　2017年遗产地各乡镇土地利用面积及比重

乡镇	指标	石堰梯田	林地	草地	建设用地	河流／河滩地	合计
井店镇	面积（平方千米）	9.17	44.62	1.38	2.68	–	57.85
	比重	15.9%	77.1%	2.4%	4.6%	–	–
更乐镇	面积（平方千米）	6.55	33.73	0.08	1.07	–	41.43
	比重	15.8%	81.4%	0.2%	2.6%	–	–
关防乡	面积（平方千米）	11.96	79.85	7.99	2.07	3.20	105.07
	比重	11.4%	76.0%	7.6%	2.0%	3.0%	–
遗产地	面积（平方千米）	27.68	158.20	9.45	5.82	3.20	204.35
	比重	13.6%	77.4%	4.6%	2.8%	1.6%	–

注：数据来源于中科院地理资源所调研数据。

2. 典型村落

Google Earth米级高分辨率影像显示，井店镇王金庄村（包括5个行政村）和更乐镇张家庄村（包括5个行政村）的石堰梯田最为连续密集，几乎每一条沟谷都被开垦，目之所及皆是层层叠叠的梯田，从村庄蔓延至山顶和沟谷深处。关防乡的石堰梯田散布在沟谷间，主要分布在东北部的后池村、前池村以及东南部的岭底村。

遗产地的三个乡镇中，井店镇的王金庄村、更乐镇的张家庄村、关防乡的后池村、前池村和岭底村分布着具有较高观赏性的旱作梯田景观。村民们几乎对所有的人迹可至的地方都加以利用，修

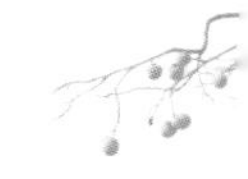

遗产地石堰梯田分布（杨荣娟、刘洋／绘）

整坡面、借助毛驴开辟梯田和小道，发展成独具地方特色的旱作梯田系统。从高空俯瞰，连续大片的梯田坐落在层叠起伏的山峦之间、纵横交错的沟谷里，平坦又开阔的土地上兴起了村庄，供村民们日常生活作息；紧挨着的大片山地被辟为梯田，沿着山坡向上、向狭窄的沟谷深处发展。

王金庄梯田（涉县农业农村局／提供）

梯田分布的密集程度取决于当地居民数量。王金庄五个村人口分布最为密集，因此旱作梯田景观规模也最大、范围最广。据统计，王金庄五个村的石堰梯田面积达到364公顷，共由46 000余块土地组成，最小的梯田不足1平方米。石堰总长度近5 000千米，在250余米高的山坡上层层叠叠分布着150余阶梯田。山有多高，堰垒得就有多高，层层而上至山顶。除去90°的悬崖峭壁，70%以上的坡面都得到了充分利用，部分山地坡面开垦率甚至高达90%。“百层上下、万亩纵横”的石堰梯田景观已成为当地人民牢记先辈“敢于攀登”的精神、寄情于家乡山水的一大象征。

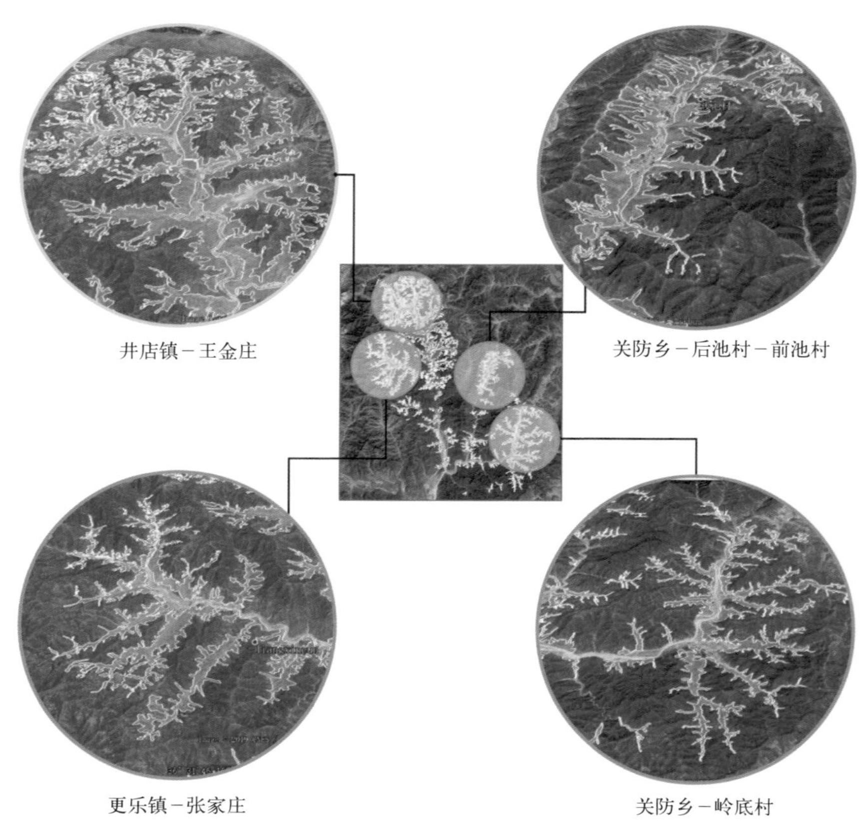

遗产地典型村庄的石堰梯田分布（杨荣娟、刘洋／绘）

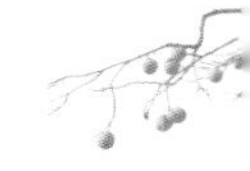

（二）梯田景观演变

涉县旱作梯田系统是当地先民通过适应自然环境因地制宜创造出的山地雨养农业生产系统，规模宏大、气势磅礴的石堰梯田景观在当地先民与自然环境不断适应的过程中逐渐演变形成。

时代	宋元	元末至清初	清中后期至民国	民国后期至20世纪80年代	20世纪90年代至今
社会背景	战乱频发 屯兵建寨	政府施行发展生产和移民政策	政府施行垦荒政策	政府组织梯田整修包产到户	城镇化 “退耕还林”
人类活动	开垦梯田，王金庄建村	农民涌入遗产地开垦梯田	大规模开垦荒地，建设梯田	重点进行梯田整修，边远地区开垦梯田	植树造林 梯田撂荒
景观特征	河谷形成小型居民地；山脚开垦为梯田；森林、灌丛、草地等自然植被为主要景观	梯田和居住地初具规模，多分布在河谷及周边山地；山地主要景观为自然森林、灌丛和草地	形成了规模宏大的梯田景观；居住地扩张；自然植被景观退缩到山顶和不易到达的深山区	石堰规整、梯田景观更加壮观完善；“山顶林地－山腰梯田－山谷村落”景观系统形成	石堰梯田景观面积略有萎缩，森林景观面积扩大

遗产地景观结构演变过程（杨荣娟、刘洋／绘）

1. 不同历史时期

遗产地原始景观类型为草地、灌丛、森林等自然植被。宋元时期战乱频发，遗产地开始屯兵建寨，先民们开始开垦荒地、修建梯田。河谷及邻近的山坡地转换为小型居民地和梯田，山上的主要景观仍然为森林、灌丛、草地等自然植被。

元末明初，战乱导致的流民以及明初移民政策带来的移民大量涌入涉县，迫于生计压力部分农民到遗产地所在深山区开垦建设新的梯田。遗产地梯田和居民地初具规模，多分布在河谷及周边较易到达的山坡上，海拔较高的山地及难以到达的山坡仍以自然植被为主要景观。

明末清初，连年征战导致土地荒芜。清朝中后期到民国时期，政府多次施行垦荒政策，涉县大面积开垦耕地。至民国二十一年（1932年），遗产地可利用的土地已经基本都开垦为梯田，高海拔山地及偏远山坡上的草地、灌丛、森林等自然植被也被梯田取代，形成了规模宏大的梯田景观。随着人口的增加，地势平坦的河谷也得到进一步开发，村落规模随之扩大。森林、灌丛、草地等自然植被景观进一步退缩到山顶和难易到达的深山区。

民国后期到20世纪80年代，当地政府出资并组织当地人们在进一步开垦梯田的基础上，重点对梯田进行整修。1984年后，家庭联产承包责任制的实行，进一步激发了当地人们开发和经营梯田的积极性。经过整修，梯田环绕山峦，梯田块块相连，道路坡坡相连，梯田石堰规整，田面地平如镜，“山顶林地－山腰梯田－山谷村落”的景观结构随之形成。

2. 20世纪90年代后

20世纪90年代以来，太行山绿化工程全面推进。退耕还林政策在涉县全面推行，遗产地的梯田景观特征发生显著改变，景观规模也相应缩减。基于Landsat影像解译的遗产地土地利用图显示，1990年林地和草地是遗产地两大主要景观类型；太行山绿化工程推行后，草地面积大幅度缩减，梯田成为第二大景观类型，林地的优势地位更加突出，成为面积最大的景观类型。

1990年遗产地石堰梯田面积为4 987公顷，占遗产地总面积的24.4%。2000年石堰梯田面积减少到4 837公顷，占比减少至23.7%。

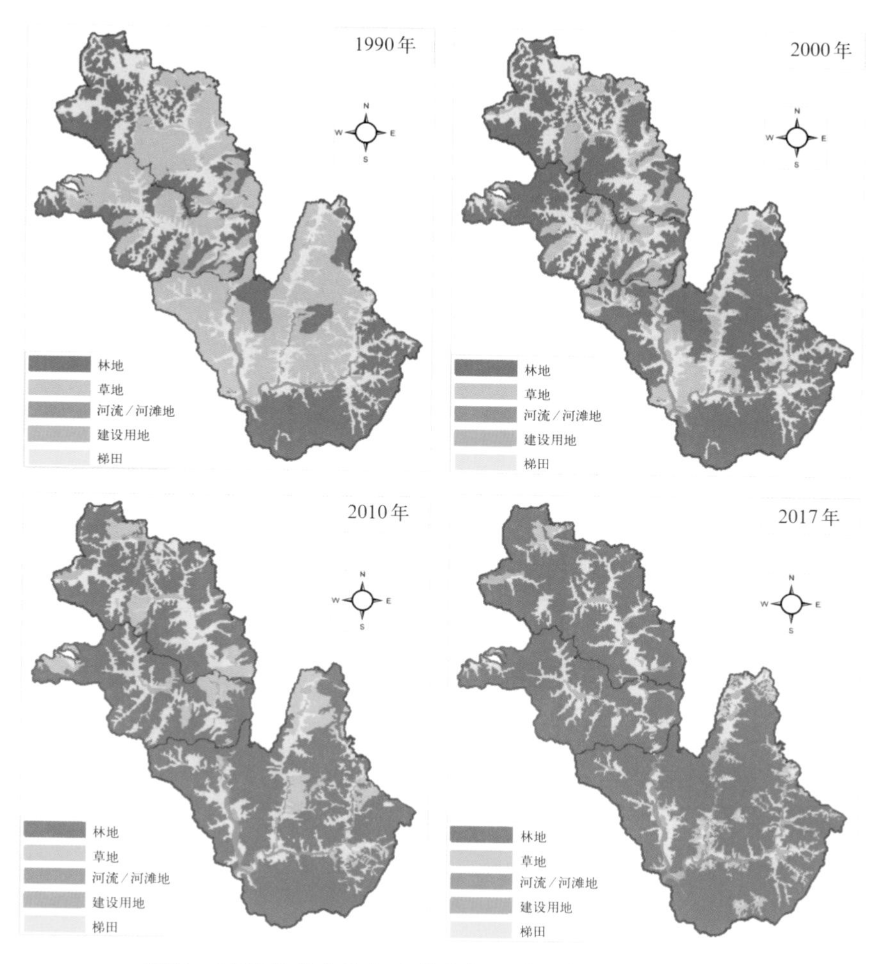

1990—2017年遗产地土地利用变化（杨荣娟、刘洋／绘）

2000—2010年的10年，石堰梯田面积由4 837公顷减少至3 610公顷，占比由23.7%降至17.6%。2010—2017年，石堰梯田面积减少了841公顷，面积占比下降了4.1%。与此同时，林地显著增大，由6 924公顷（33.9%）增至15 820公顷（77.4%）；建设用地扩张近一倍，占比由1.5%增大至2.9%。

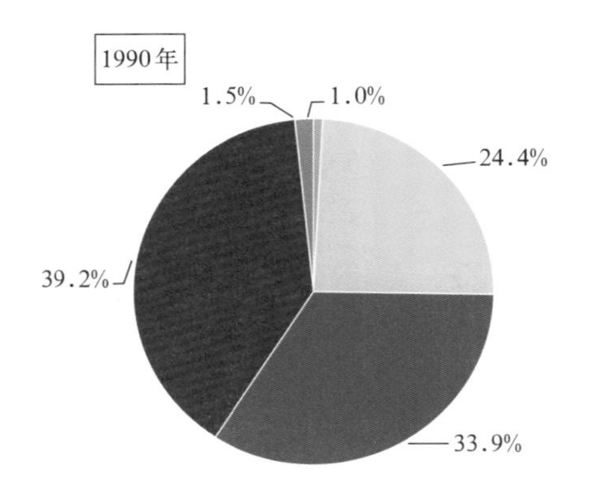

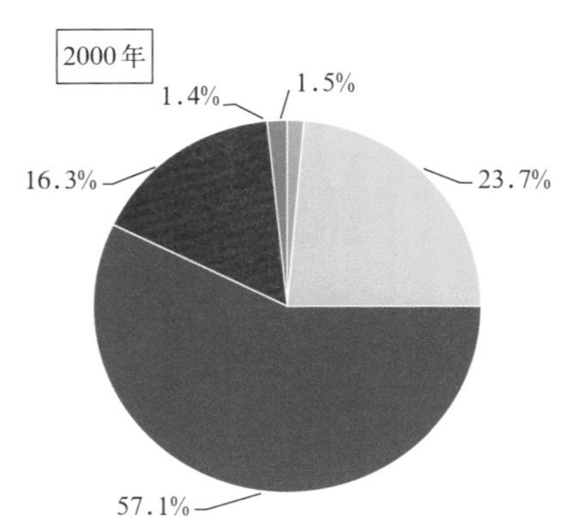

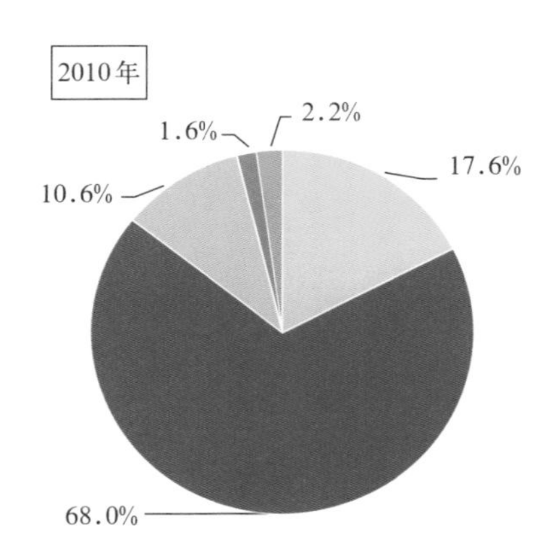

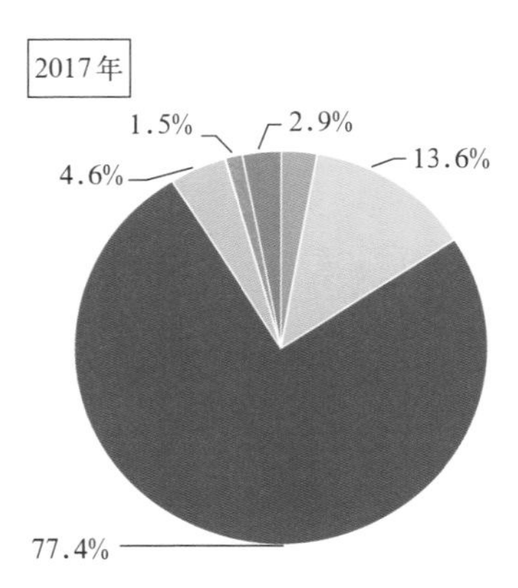

1990—2017年遗产地景观类型面积变化（杨荣娟、刘洋/绘）

不难看出，除了受到太行山绿化政策的影响，遗产地梯田景观还受到建设用地扩张的影响。随着城镇化进程的加速，遗产地建设用地进一步扩张，对石堰梯田造成一定侵占。2010—2017年，遗产地石堰梯田缩减面积中有79.3%转换为林地，有18.9%转换为建设用地，另有1.8%抛荒为草地。虽然在此期间有部分草地和林地开垦为梯田，但无法抵消梯田面积的缩减，遗产地梯田景观的总面积仍然是下降的。

梯田景观的斑块破碎度（SPLIT）由100.63增大至137.43，斑块平均面积（MPS）减小了14.24平方千米，最大斑块面积指数（LPI）也有所降低，遗产地景观的破碎趋势明显。尤其是进入21世纪以后，梯田景观的斑块破碎度（SPLIT）由137.43增至1 332.20，斑块平均面积（MPS）减小了一半，最大斑块面积指数（LPI）也由6.54%减小至1.59%，遗产地景观破碎现象进一步加剧。

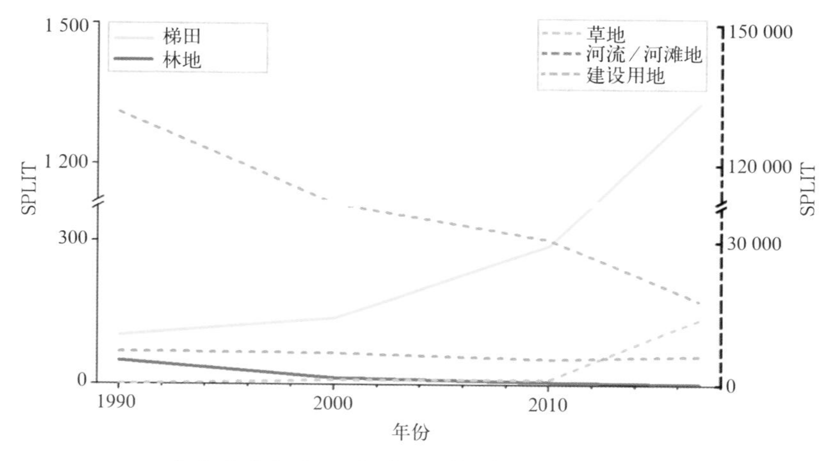

斑块破碎度（SPLIT）变化（杨荣娟、刘洋／绘）

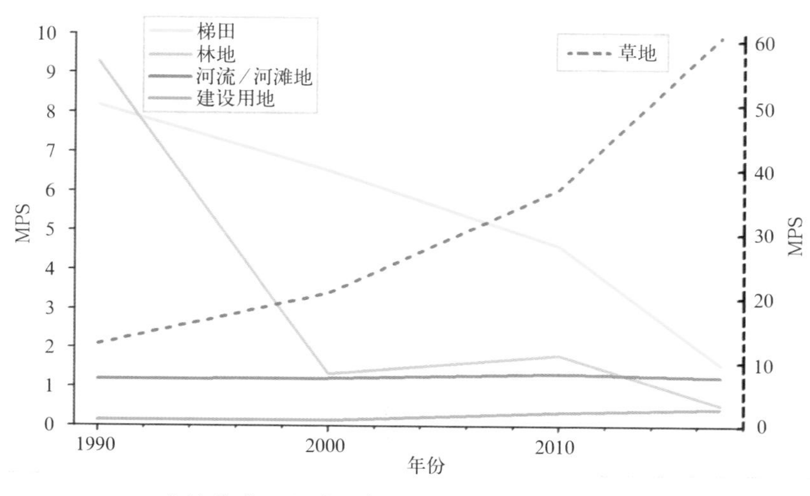

斑块平均面积（MPS）变化（杨荣娟、刘洋／绘）

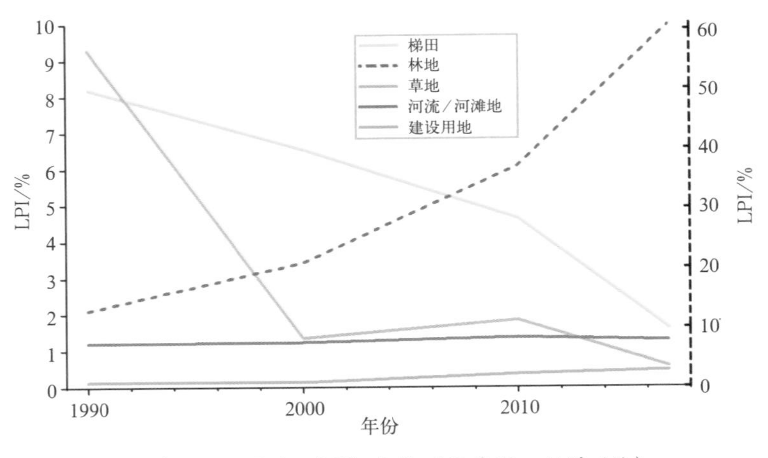

最大斑块面积指数（LPI）变化（杨荣娟、刘洋/绘）

（三）立体景观结构

1. 景观结构

“山顶林地－山腰梯田－山谷村落”的景观特征（刘洋/摄）

遗产地的人们通过对自然环境的长期适应和积极改造，充分利用有限的水土资源和丰富的石灰岩资源，创造性地开垦了规模宏大的石堰梯田。经过长期的演化，石堰梯田与山顶的森林和灌丛、山谷的村落和河流/河滩地形成了独具特色的景观结构。

从高空俯瞰，遗产地群山环绕、沟谷纵横，自河谷到山顶依次分布着河流－村落－石堰梯田－灌丛－森林景观。河谷里的传统村落，沿山势蜿蜒盘旋的石堰梯田，梯田里的花椒树、黑枣树和石庵子以及山顶的森林灌丛，共同构成了极具太行山地域特色的旱作梯田景观，承载着太行山传统农耕文化和技术。

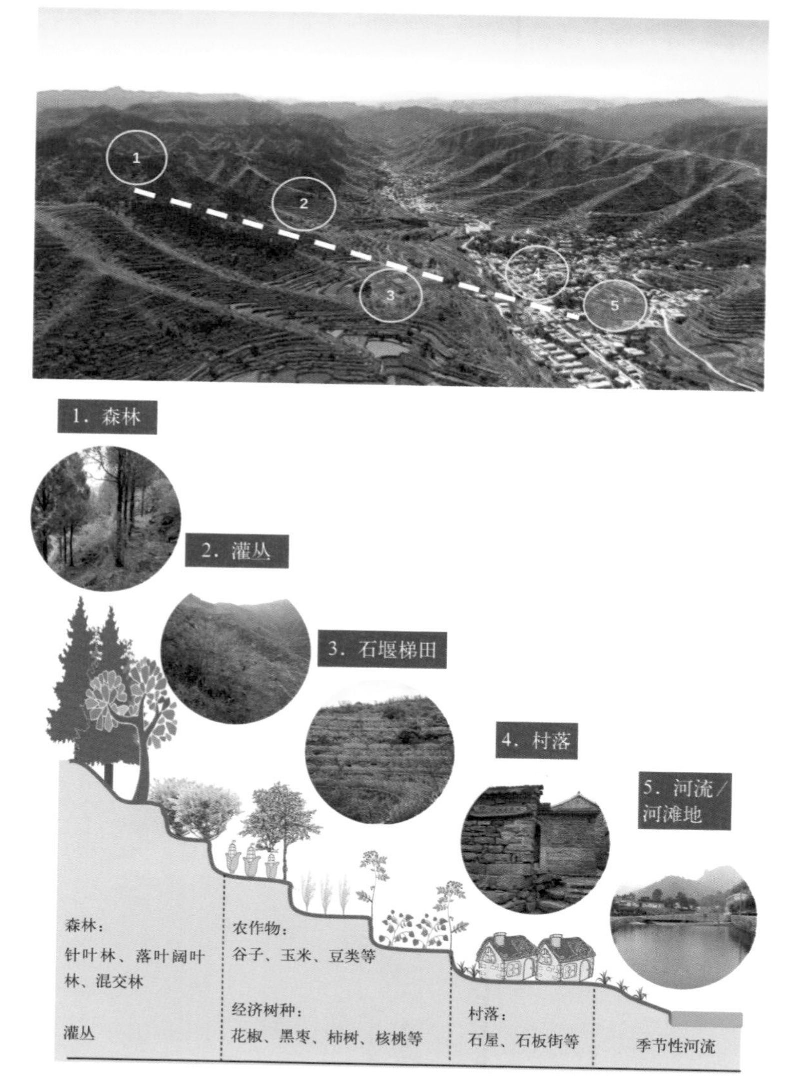

遗产地景观的空间结构（杨荣娟、刘洋／绘）

村落一般分布在地势平坦、靠近水源的沟谷地带，平均海拔607米，坡度25°。石堰梯田沿村落边缘向海拔更高的山地延伸，最高可至海拔大于1 000米、坡度大于50°的山顶。山顶海拔高达1 142米，地形更为陡峭，不适宜种植作物，一般为森林和灌丛，起到加固水土、涵养水源的作用（表17）。

表17　景观要素分布特征

	森林／灌丛		石堰梯田		村落		河流／河滩地	
	海拔（米）	坡度（°）	海拔（米）	坡度（°）	海拔（米）	坡度（°）	海拔（米）	坡度（°）
最大值	1 142	66	1 036	52	844	51	697	50
平均值	750	33	678	26	607	25	456	24
最小值	361	0	364	0	369	0	348	0

注：数据来源于中科院地理资源所调研数据。

遗产地王金庄的五个村落分布着涉县规模最大、形态最完整连续的石堰梯田景观。整个景观分布在海拔617～1 010米，自河谷到

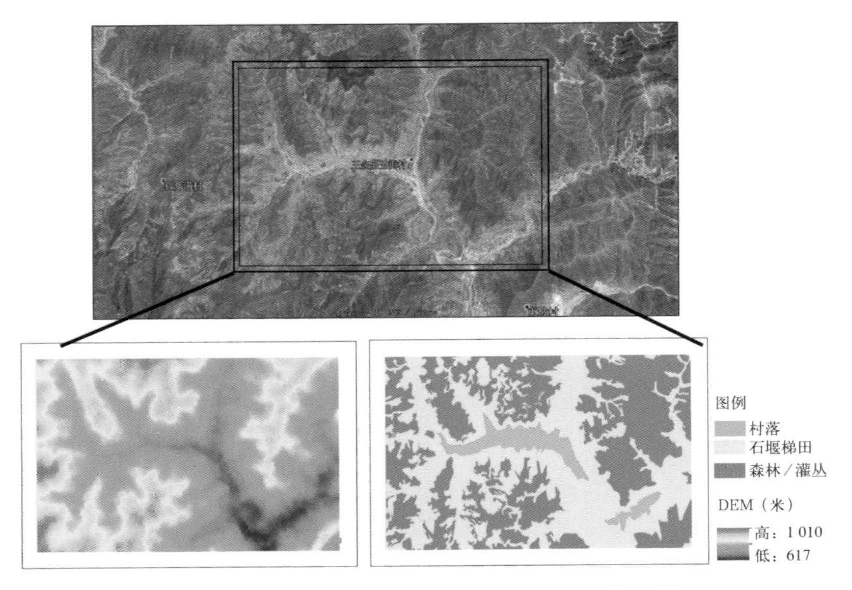

王金庄的景观要素分布特征（杨荣娟、刘洋／绘）

注：DEM一般指数字高程模型。

山顶依次为村落－石堰梯田－灌丛／森林。历经数百年时光的磨琢，石头村落被规模宏大的石堰梯田紧紧围绕。

2. 景观要素

层叠蜿蜒的石堰梯田、矗立无言的石庵子、四季变换的田间作物、劳作的农民和毛驴，共同构成了遗产地富有活力的梯田景观，是遗产地梯田景观不可或缺的要素。

（1）石堰

石堰是遗产地梯田景观的精髓，是区别于南方稻作梯田景观的核心特征。据统计，仅王金庄片区的梯田石堰总长度就达到4 860多千米，被誉为“中国第二大万里长城”。梯田的石堰有的高达2～3米，有的就是一块石头，有的层层叠叠，有的形单影只，但每一道石堰都砌得整齐而精致，每一块石头都有着独特的形状。勤劳智慧的人们将大小不一、形状各异的石块层层垒起，给富有曲线美的梯田景观注入了别具一格的硬朗之气。竣工的石堰像是一道道灰色城墙，矗立在沟谷里、山地上，堰边种植的花椒树、黑枣树就是一个个卫兵，千百年来尽职尽责地“守护”着田间珍贵的水土。

整齐的石堰梯田（涉县农业农村局／提供）

修建石堰的过程无疑是艰辛且充满挑战的，一代代太行山民完成了这一浩大而精细的工程。梯田建筑之期，人们就在石块上刻下“立下愚公移山志，敢教日月换新天”“天大困难也不怕”等充满信心和豪情的标语与誓言，体现了老一

石堰上刻的“愚公精神”（杨荣娟／摄）

石堰上刻的“治山专业队誓言”（杨荣娟／摄）

辈太行山民对挑战自然的踌躇满志。因此，遗产地的石堰梯田又被称为“石头梯田”，被世人视为“愚公精神”的现实载体。

（2）石庵子

在远离居民聚居地的山地梯田上，分布有随处可见的石庵子，远远看去像一个个蒙古包，是遗产地梯田景观的一大特色。石庵子由石头建成，随山就势，就地取材，小巧玲珑，浑然天成，或独自矗立在乡野田间，或成群分布在梯田的石堰上。农忙时期，为避免在路上消耗大量的时间，村民们在石庵子里午休甚至过夜，至农忙结束方才返家。

梯田里的石庵子（涉县农业农村局／提供）

经调查，遗产地王金庄附近的大南南叉石崖沟就分布有20余座石庵子，有文字记载的石庵子历史最早可追溯到1854年（表18）。早期，人们修筑石庵子时主要考虑其实际用途，石块未经打磨，外表粗糙，体积也较小，仅

容一人通过或暂住。现在，石庵子不仅是遗产地梯田景观不可或缺的构成要素，更被视为遗产地特有的文化符号。为了传承这种传统的农耕文化，人们修筑了更具有观赏价值的石庵子群，并对破损的石庵子进行修补。石庵子已不再仅仅是供村民农忙时休憩的临时住所，更是遗产地重要的文化标志和旅游资源。

表18　王金庄村石崖沟部分石庵子分布调查

序号	建筑年代	地理位置	备注
1	1852年	北纬36°34′55″东经113°48′55″海拔791米	地庵子，有文字记载（咸丰二年）
2	1854年	北纬36°35′12″东经113°48′55″海拔955米	石庵子，有文字记载（咸丰四年）
3	1859年	北纬36°34′35″东经113°48′32″海拔1 022米	石庵子，有文字记载（咸丰九年四月二十五日立，上清立）
4	1875年	北纬36°34′38″东经113°48′47″海拔935米	坍塌，石庵子，有文字记载（同治十四年正月二十八日）
5	1875年	北纬36°34′45″东经113°48′43″海拔862米	石庵子，有文字记载（同治十四年）
6	1884年	北纬36°34′36″东经113°48′43″海拔986米	石庵子，有文字记载（光绪壹拾年正月三日立）
7	1884年	北纬36°34′37″东经113°48′43″海拔983米	石庵子，有文字记载（字迹不清）
8	1885年	北纬36°34′38″东经113°48′47″海拔935米	石庵子，有文字记载（光绪十一年）
9	1885年	北纬36°34′33″东经113°48′41″海拔1 008米	石庵子，有文字记载（光绪十一年十一月二十四日立）
10	1922年	北纬36°34′55″东经113°48′30″海拔925米	石庵子，有文字记载（中华民国十一年五月六日立）
11	2000年	北纬36°34′41″东经113°48′48″海拔880米	石崖沟
12	2017年	北纬36°35′33″东经113°47′55″海拔776米	李书魁建
13	2018年	北纬36°35′22″东经113°49′7″海拔811米	6个大石庵子群
14	无考	北纬36°34′36″东经113°48′33″海拔1 013米	有文字（和为贵）

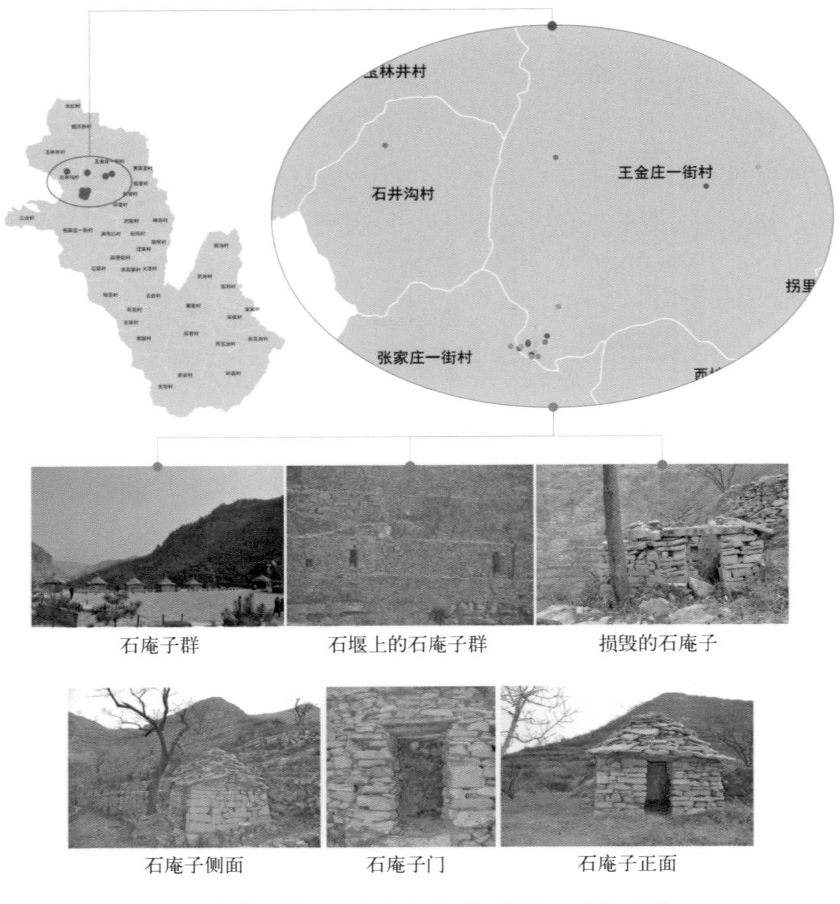

石庵子群　石堰上的石庵子群　损毁的石庵子

石庵子侧面　石庵子门　石庵子正面

王金庄附近梯田石庵子分布（杨荣娟、刘洋／绘）

（四）景观四季变化

随着季节的变幻，涉县旱作梯田系统呈现出不同的景色，展现出震撼人心的大地艺术景观。

春季，人们把驴赶上了山，把准备种上作物的地犁上一遍。春耕最忙的时候，离居民地较远的梯田上，石庵子也派上了用场。到了晚春，石堰上的花椒树和黑枣树抽出了新芽，山顶的松柏及常青灌木转青，给梯田添上了一抹盎然的春意。种植了作物的梯田高低错落，田块间泾渭分明，勾勒出一幅满载希望的春日画卷。

春季梯田景观（涉县农业农村局／提供）

夏季，田间的作物长势喜人，自山脚至山顶入眼皆是葱郁一片，葱绿的植被和灰白的石堰子错落有致。夏季也是遗产地一年中雨水最为充沛的时期，蓄水充足的碧色水库点缀在葱郁的青山之间，映着雨后山间袅袅腾起的雨雾，仿佛置身于人间仙境。

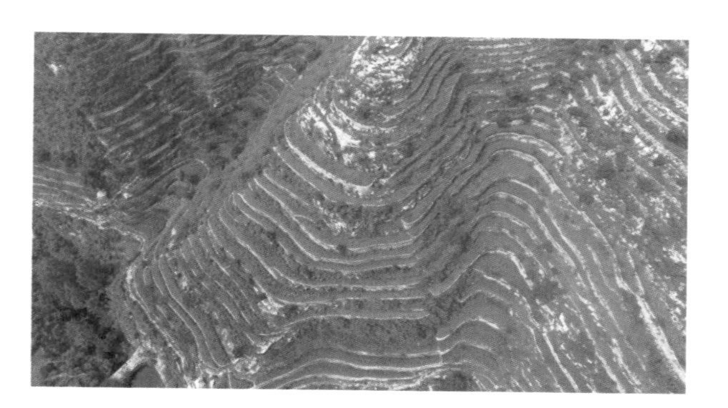

夏季梯田景观（涉县农业农村局／提供）

金黄是秋日梯田的主色调，金灿灿的玉米、黄灿灿的谷子，随着籽粒的一天天丰满，放眼望去，仿佛是长了满地的金子。山腰上金灿灿的梯田和山顶依旧葱郁的林地泾渭分明。大豆、核桃、柿子、玉米等作物都迎来了丰收，喜悦和忙碌是秋日梯田上的主旋律。

秋季梯田景观（涉县农业农村局／提供）

冬日，雪后的梯田银装素裹，美不胜收，从山脚盘绕至山顶，小山如螺，大山似塔，层层叠叠，高低错落。登高远望，举目皆是盘旋的白色梯田，梯田的曲线美展露无遗。梯田和村落都掩于皑皑白雪之中，显得静谧而安宁。

冬季梯田景观（涉县农业农村局／提供）

七 问道：面向未来的发展之路

涉县旱作梯田系统具有丰富多样的生物多样性，蕴含着独具特色的传统知识与技术体系，展现出壮丽多彩的生态与文化景观，其在生计、生态、文化、景观等方面都表现出突出价值。然而，随着社会经济的快速发展，涉县旱作梯田系统的保护与传承面临着洪涝灾害频发、农村青壮年劳动力流失、现代农业技术冲击等问题，必须采取科学有效的保护与发展措施。

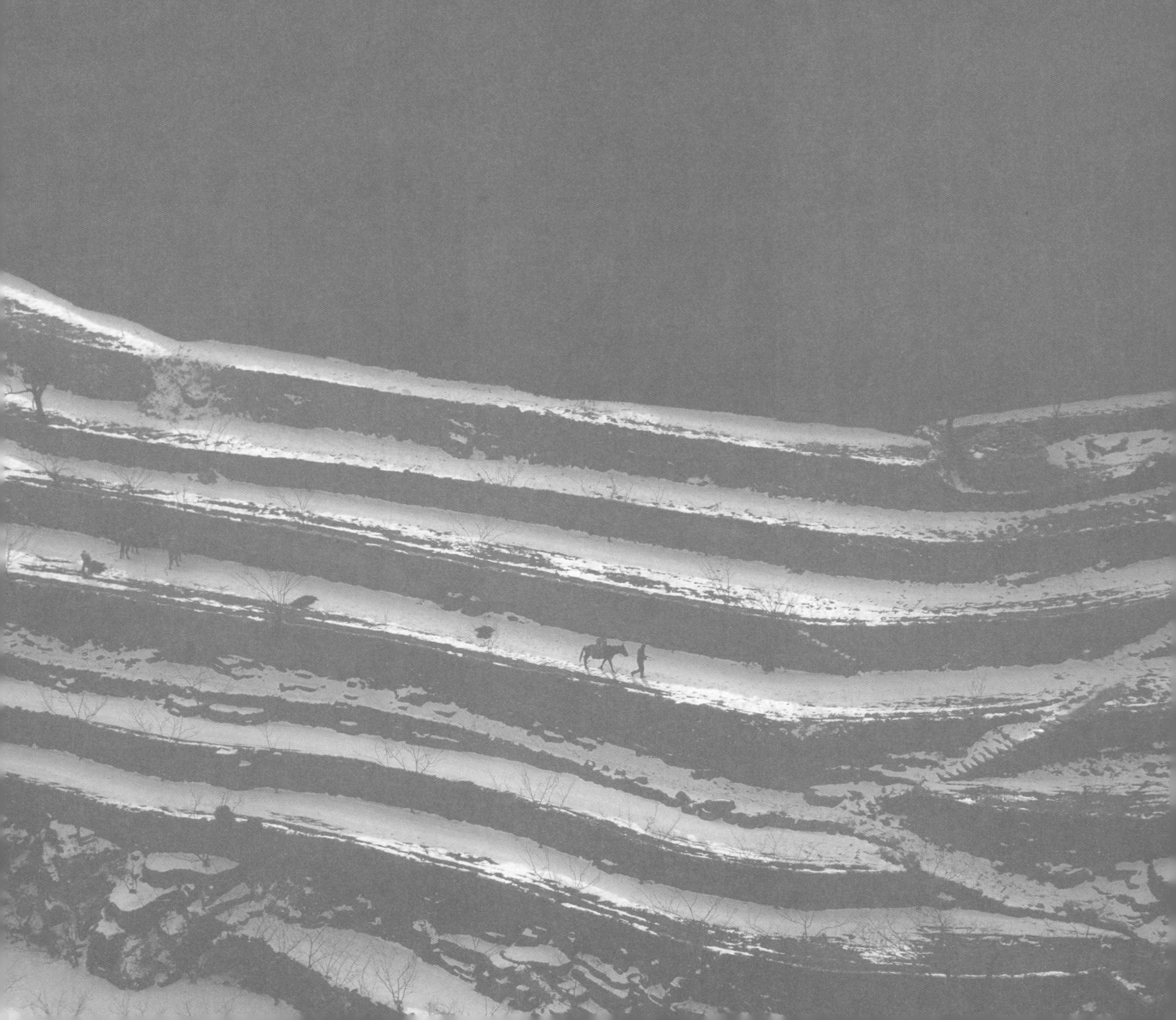

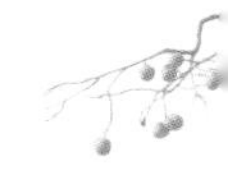

（一）遗产的多重价值与发展机遇

1．多重价值

（1）生计价值

生计价值体现在系统不仅生产谷子、玉米、豆类等粮食作物，而且出产花椒、黑枣、柿子等经济作物，既保障了当地人的粮食安全，满足了其基本营养需求，又通过深加工与品牌化实现了经济价值的转化，有效促进农民增收和区域发展。

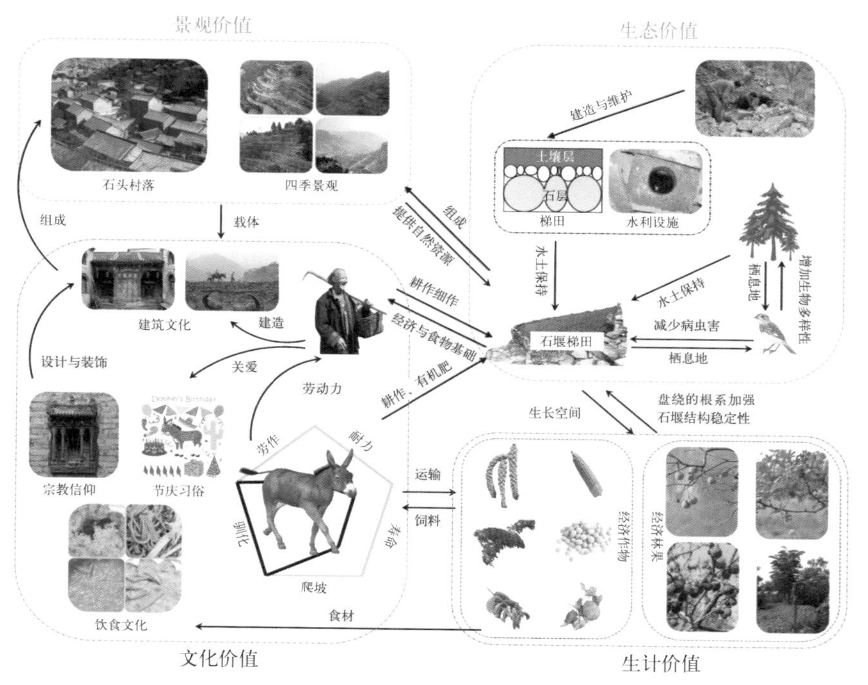

遗产系统的多重价值（李禾尧／绘）

（2）生态价值

生态价值着重体现水土保持、生物多样性保护与养分循环。石堰梯田的修建与维护有效地实现了坡面改造和水土保持；水柜、水窖、水库等集雨蓄水设施的建造实现了对降水季节性差异的调控，提升了应对旱涝灾害的能力；山顶的森林为野生动植物提供了良好的栖息地，山腰的梯田极大地提高了农业生物多样性；传统的农耕技术充分实现了养分循环。

（3）文化价值

文化价值体现在围绕毛驴、作物、石头等关键要素所衍生的、历经千百年传承的文化符号与文化习俗。驯养毛驴为梯田农业生产提供重要的有机肥料，而充满灵性的驴也得到了当地人的真心爱惜。严苛的自然环境所孕育的饮食文化充分体现了当地人以杂粮为主的饮食习惯。当地人对风调雨顺的美好期盼也演化成禳瘟祈福的宗教信仰。

（4）景观价值

景观价值体现在“森林／灌丛－石堰梯田－村落－河流／河滩地”的空间结构、四季不同的梯田风景以及令人惊叹的石头村落。当地先民巧妙利用丰富的石头资源，不仅建造了蔚为壮观的石堰梯田，而且创造了独具特色的石头村落，从房屋到街巷、从门窗到桌凳，整个村落恰如一座天然的石头博物馆。

2．发展机遇

（1）农业文化遗产事业的日益发展与壮大

自2002年联合国粮农组织（FAO）发起全球重要农业文化遗产（GIAHS）保护项目以来，全球重要农业文化遗产保护工作在国际上得到越来越多的认可。中国是最早参与GIAHS的国家之一，积累了

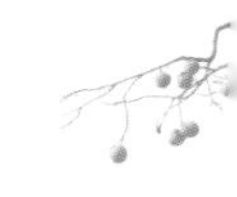

许多成功的经验，现共有全球重要农业文化遗产15项，农业农村部共评选出五批118项中国重要农业文化遗产。河北涉县旱作梯田系统具有悠久的历史、深厚的文化底蕴，是涉县劳动人民几个世纪传承和发展的智慧结晶，其对农耕文化传承发展的重要性不言而喻。2014年河北涉县旱作梯田系统被认定为第二批中国重要农业文化遗产，2016年河北涉县旱作梯田系统入选农业部全球重要农业文化遗产预备名单。借由这一历史发展机遇，涉县旱作梯田系统将结合多方力量，共同促进遗产地的持续健康发展。

（2）农业文化遗产发展得到当地群众认可

涉县县委县政府围绕农业文化遗产的动态保护、适应性管理与可持续利用，在组织机构建设、法规政策文件、保护发展项目、地方宣传活动、新闻媒体报道、管理培训交流、科学研究成果等诸多方面开展了卓有成效的工作。在此过程中，涌现出一批地方人士致力于农业文化遗产的

中国重要农业文化遗产牌匾（涉县农业农村局/提供）

中国重要农业文化遗产纪念石碑（杨荣娟/摄）

保护与发展。如遗产地自发组织建设涉县旱作梯田保护与利用协会，围绕农业文化遗产的保护与发展开展了一系列工作；王金庄村民运用互联网技术对当地农产品进行销售，不仅实现了个人价值还带动了当地百姓致富。河北涉县旱作梯田系统的保护与发展不仅得到当地领导的高度重视，而且受到当地群众的充分认可，农业文化遗产的保护与发展在涉县具有良好的政策环境和扎实的群众基础。

（3）农业文化遗产带动休闲农业快速发展

发展休闲农业和乡村旅游是实现乡村振兴战略的有效途径之一。2019年1月，国务院中央1号文件中再次明确提出要大力发展休闲农业和乡村旅游。涉县目前已举办多种旅游活动，如以“魅力乡村，椒香涉县”为主题的中国·涉县首届花椒采摘节、以“回归自然、休闲度假，体味山水乡愁”为主题的井店镇刘家村民宿体验、主题摄影活动等。游客可以在遗产地采摘花椒，收获小米、大豆、玉米等农产品，参加摄影比赛，品尝当地特色美食，探索别具一格的驴文化。2019年9月，涉县被评为我国首批国家全域旅游示范区，这为涉县旱作梯田系统的保护与发展带来了新的机遇。独具特色的石堰梯田景观与丰富的农耕体验活动将充分带动当地旅游业的发展，逐渐成为当地旅游业的新形象与新卖点。

中国·涉县首届花椒采摘节启动仪式（涉县农业农村局/提供）

（二）面临的威胁与挑战

1．存在的问题

（1）洪涝灾害频发

涉县属于典型的温带大陆季风性气候。由于降水集中在夏季，每年7～8月是洪涝灾害频发期。自1990年以来，每年的7～8月，涉县都会迎来一年中降水强度最大的洪涝期，会出现一次或多次日降水量超过50毫米的暴雨。暴雨易引发洪水和泥石流，导致沟壑、河道周围的石堰梯田损毁。

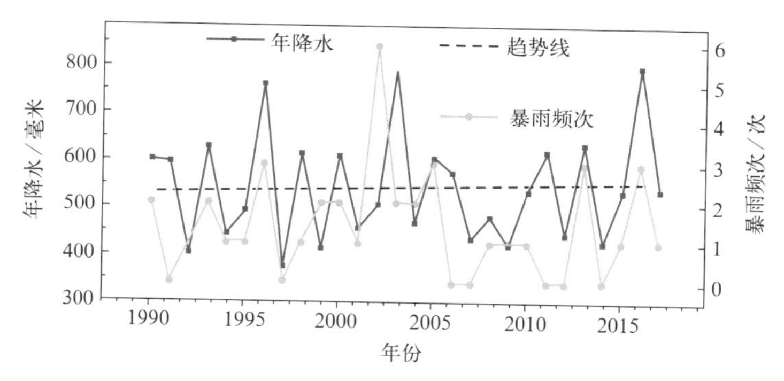

1990年以来涉县降水量和暴雨频次变化（杨荣娟、刘洋／绘）

洪水损毁的石堰（刘洋／摄）

虽然当地人们创造性地发明了“悬空拱券镶嵌”结构，但是坍塌石堰的修复仍需要大量的人力和时间成本。在青壮年人口大量外出的情况下，损毁的石堰梯田存在难以及时修复的风险，会逐渐演变为草地、灌丛等其他土地类型，丧失农业生产功能。

（2）农村青壮年劳动力流失

在当前市场经济背景下，农村文化教育较为缺失，年轻人对梯田的感情远不及父辈和祖辈。加之相对落后的生产条件、繁重的体力劳动、较低的农业经济效益，使得梯田对年轻一代农民的吸引力越来越弱。多数年轻人没有继承传统耕作的意愿，而大多选择在外地或城里打工。由于外出打工收入远高于梯田种植收入，更加剥离了青年农民对土地的感情。据统计，1990年以来，遗产地劳动力结构出现明显变化，即非农劳动力比重显著增高，农业劳动力占比下降。2017年遗产地农业文化遗产从业人员中，45岁以下的劳动力约占36%。

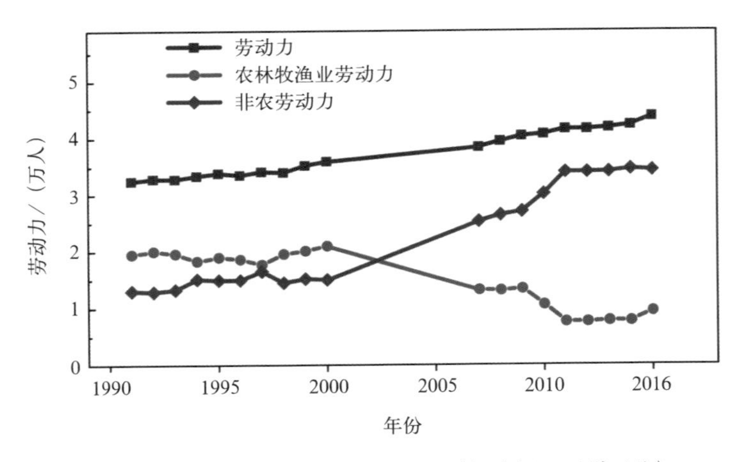

1990年以来遗产地劳动力结构变化（杨荣娟、刘洋／绘）

据调查，2017年遗产地外出人口15 792人，约占遗产地户籍人口的40%。三个乡镇中，关防乡外出人口数量最多（8 495人），占户籍人口比重高达50%；更乐镇外出人口数量最少（2 473人），占户籍

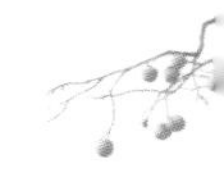

人口比重仅为30%。外出人口中农忙时回来帮忙人数最多的是关防乡，所占比重为45%；井店镇农忙时回来帮忙人数为3 478人，所占比重高达72%（表19）。

表19　2017年遗产地人口统计

遗产地	户籍人口		常住人口				外出人口	
	户数（户）	人数（人）	总户数（户）	总人数（人）	外地户数（户）	外地人数（人）	人数（人）	农忙回来（人）
井店镇	4 501	13 782	4 372	13 235	3	11	4 824	3 478
更乐镇	2 739	8 300	1 811	6 064	31	66	2 473	1 491
关防乡	5 253	17 156	3 628	8 498	14	41	8 495	3 833
合计	12 493	39 238	9 811	27 797	48	118	15 792	8 802

注：数据来源于中科院地理资源所调研数据。

（3）现代农业技术冲击

遗产地梯田整修、犁地播种、收获加工主要依靠人力、畜力，劳动强度很大。当地农民还长期用驴粪与秸秆沤制农家肥，以解决养分转化和土壤培肥问题。青壮年劳动力的大量流失，使得涉县旱作梯田系统中的这些传统技术落入了“无人以继”的尴尬处境。

与此同时，以微耕机、化肥农药、改良品种等为代表的现代农业技术逐渐出现在石堰梯田。农药、化肥的大量使用使得植物赖以生长的土壤环境遭到破坏，影响花椒、核桃等传统优势产品的品质和产量。外来农作物品种的引进与推广会对地方品种的种植产生较大冲击，在商品化的导向下极易造成地方品种的消失，与之相伴的还有地方品种育种、栽培、管护等传统知识的流失。

2．面临的挑战

（1）农业提效增收需求与遗产保护要求相协调

遗产地山高坡陡、山多地少、石厚土薄、水源贫乏，恶劣的环境条件使得在石堰梯田内难以大幅度提高土地生产率。极其不便的运输条件、强度极大的耕作方式也在很大程度上制约了农业生产效率的提升。2017年统计资料显示，相对于全县277千克的亩产，遗产地秋粮作物的平均亩产为251.5千克，除更乐镇秋粮作物平均亩产达278.9千克，井店镇（253.2千克）和关防乡（229.5千克）均低于全县平均水平。

当地农民的收入主要来自花椒树、黑枣树等林果产品的销售和外出务工，总体上仍处于较低的水平。据调查，2017年遗产地农民人均收入6 063元，其中外出务工收入3 229元、农产品销售收入366元、林果产品销售收入2 456元。不难看出，当地农民超过一半的收入来自外出务工。调查也显示，越来越多的青壮年劳动力倾向于通过外出务工来提高自己的收入水平。

因此，遗产地农民对提高农业生产效率、增加农业生产收入有着迫切的意愿。这种意愿在一定程度上表现为用微耕机代替毛驴、用化学肥料代替农家肥、引入高产作物品种代替地方作物品种、种植更多经济作物代替粮食作物等。尽管这些措施能够在一定程度上降低劳动强度、增加农业生产收入，然而从长远来看却未必能促进遗产地的可持续发展，甚至会为遗产的保护与传承带来风险。因此，如何处理农业提效增收与遗产保护之间的关系是涉县旱作梯田系统保护发展面临的一大挑战。

（2）种植结构调整策略与遗产保护要求相协调

遗产地农民对农业提效增收的迫切需求还表现为种植经济树种替代粮食作物。例如，一些村落为了发展当地经济，在石堰梯田里种植了大面积的桃树、梨树、苹果树等经济树种。这种以“圈水种树”为特征的种植结构调整是否有利于涉县旱作梯田系统的保护其实早有答案。

在石堰梯田里圈水种树（刘洋／摄）

20世纪90年代以后，随着城镇化进程和退耕还林政策的推进，部分原来耕种的石堰梯田被荒废，部分石堰梯田转变为林地或建设用地。Landsat卫星观测显示，1990—2017年遗产地石堰梯田面积持续缩减，且2000年以后缩减速度显著加快。与此同时，林地面积显著增大，草地面积锐减，居民地不断扩张。

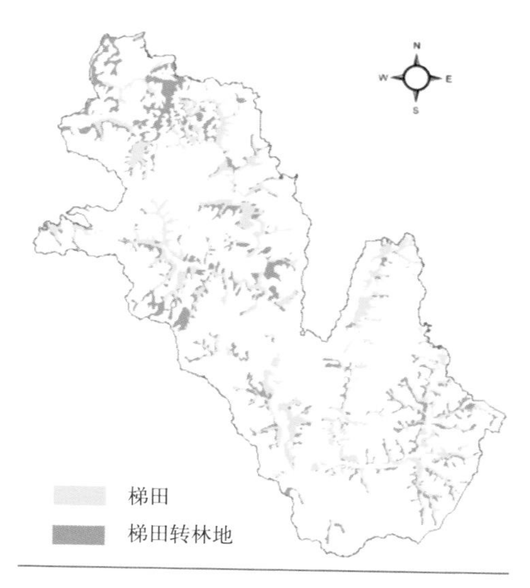

20世纪90年代后遗产地石堰梯田面积变化（杨荣娟、刘洋／绘）

据调查，2000—2017年，遗产地石堰梯田面积约减少了1 024公顷。减少的石堰梯田面积中，有42.2%（约503公顷）属于抛荒，有53.7%（约640公顷）转变为林地，有4.1%（约49公顷）用于道路建设等其他用途。可以看出，退耕还林是遗产地石堰梯田减少的一个重要原因。

遗产地位于太行山深山区，是退耕还林政策推进的重点地区。在过去的几十年里，植树造林在改善当地生态环境方面起到一定作用，还带来一定的经济效益。然而，林地的迅速扩张使原先大面积连片的梯田景观遭到破坏，景观破碎化程度加大。

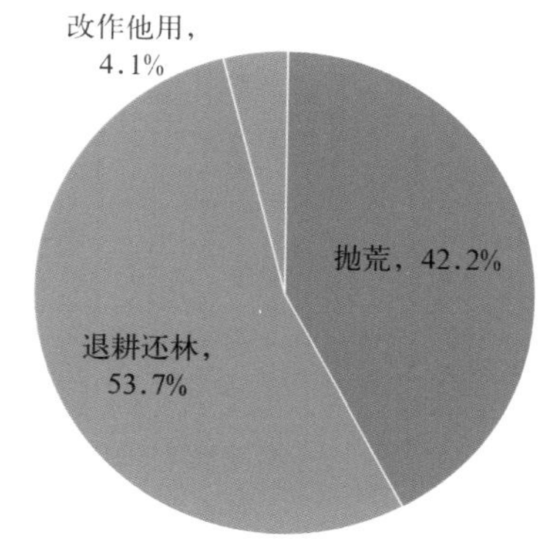

石堰梯田面积下降原因比重（焦雯珺／绘）

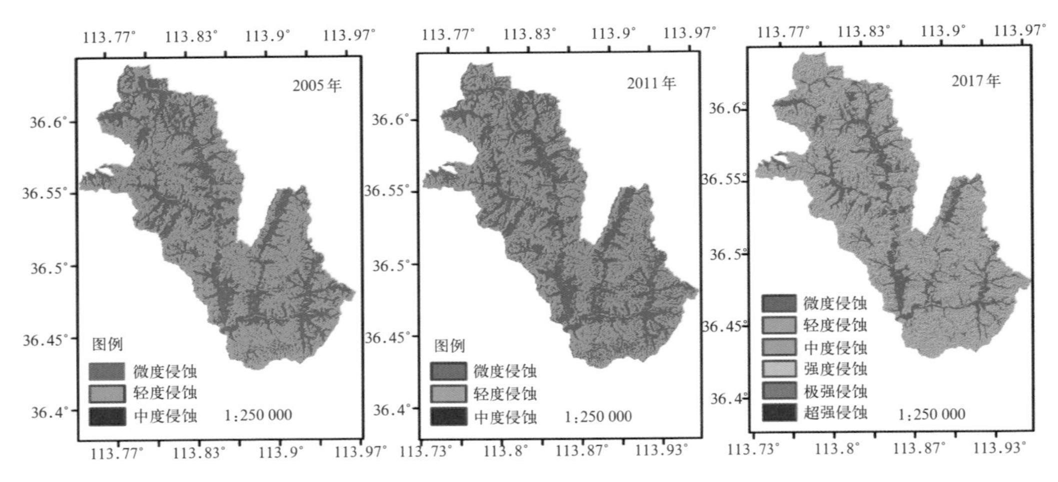

不同时期的遗产地土壤侵蚀强度（孙建、周天财/绘）

另一方面，林地对石堰梯田的侵占使得石堰梯田的水土保持功能受到影响。从图中可以看出，随着石堰梯田面积的减少，遗产地的土壤侵蚀强度不断增加，遗产地的水土保持量持续减少。

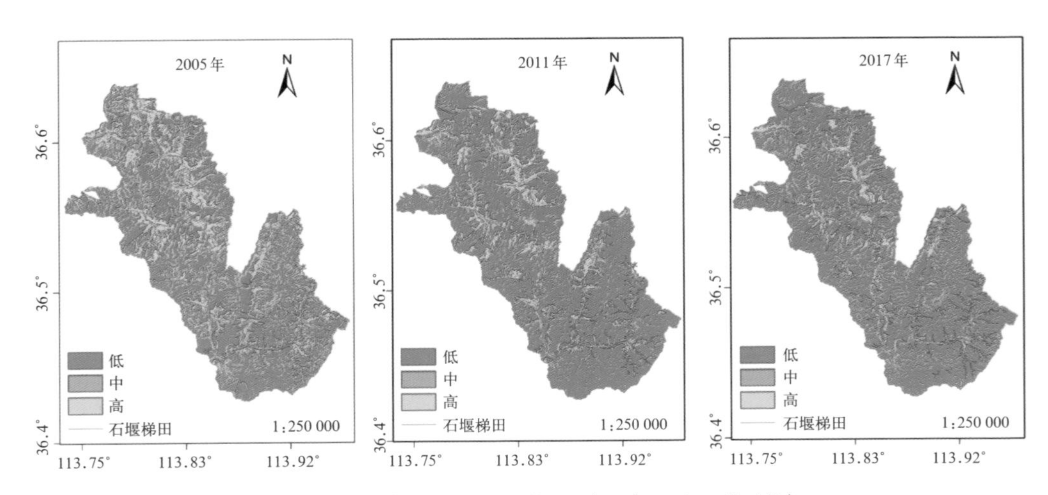

不同时期的遗产地水土保持量（孙建、周天财/绘）

已有研究成果让我们必须重新审视这种以“圈水种树”为特征的种植结构调整策略。尽管这一策略会在短期内带来一定的经济效益，然而其对石堰梯田景观的破坏、对石堰梯田水土保持功能的影响却是长远的。因此，如何处理这类种植结构调整策略与遗产保护之间的关系也是涉县旱作梯田系统保护发展面临的一大挑战。

（3）新农村建设导向与遗产保护要求相协调的挑战

首先，农村环境卫生问题是新农村建设的一个重要内容。然而，由于遗产地农户依然采用传统的毛驴各家散养的方式，导致驴粪分散堆积，难于及时清理，对当地的环境卫生造成了较大负面影响。此外，毛驴的粪便还会随其活动而散落到街巷和公共区域，也对居住在遗产地的居民和外来参观者的嗅觉和视觉造成一定程度的不适。

驴粪堆积在道路两侧
（涉县农业农村局／提供）

散落在道路上的驴粪
（涉县农业农村局／提供）

其次，由于现代人对于居住生活的要求有所变化，原来传统石屋难以满足遗产地居民在水、电、液化气、互联网等方面的现代化居住需要，加之部分地方政府对新农村建设中村容整洁等概念的曲解，一些古朴而独具特色

传统石头房屋景观
（涉县农业农村局／提供）

旅游营造下的村落景观（涉县农业农村局/提供）

的石头民居已被水泥砖瓦房所替代。更有甚者为了营造不同的村落氛围，部分村落的房屋整体被刷上各种颜色，完全破坏了独具特色的石头传统村落风貌，对于涉县旱作梯田系统的整体保护造成了破坏。

最后，对于全域旅游概念的曲解也在一定程度上影响了农业文化遗产地传统村落风貌的保持。为了将村落建设成为景区，有的村落开始建设游步道、观景平台、指示牌、导览图等，并在村落中建设与原来风格完全不一致的建筑，极大影响了遗产地传统村落的美观和完整性。

（三）保护与发展的策略

1. 提升遗产管理能力，建立多方参与机制

为了促进涉县旱作梯田系统的保护与发展，一个由政府、社区、企业、科研机构、媒体等组成的多方参与机制逐步建立起来，社会各界力量都积极地参与到农业文化遗产的保护与管理中。

在政府层面，先后成立了“涉县旱作梯田农业文化遗产保护领导小组”“涉县旱作梯田农业系统”申报全球重要农业文化遗产工作领导小组，统筹遗产保护管理与项目申报工作；围绕梯田保护与管理，制定出台了一系列政策文件，如《涉县旱作梯田农业系统保护

中共涉县县委办公室

涉办文〔2019〕5号

中共涉县县委办公室
涉县人民政府办公室
关于调整充实"涉县太行山旱作梯田系统"
申报全球重要农业文化遗产工作领导小组的
通　知

各乡（镇）党委、政府，县直各单位，经济开发区、平安街道办：

为进一步加快推进"涉县太行山旱作梯田系统"申报全球重要农业文化遗产工作，加强"涉县太行山旱作梯田系统"重要农业文化遗产的保护与发展，经县委、县政府研究，决定调整充实"涉县太行山旱作梯田系统"申报全球重要农业文化遗产工作领导小组，组成人员名单如下：

组　　长：
常务副组长：
副 组 长：

— 1 —

涉县人民政府

涉政字〔2016〕6号

涉县人民政府
关于印发旱作梯田农业系统保护管理办法的
通　知

各乡镇人民政府，县政府各部门，县对口各单位：

《涉县旱作梯田农业系统保护管理办法》已经县政府第25次常务会议研究通过，现印发给你们，请认真贯彻执行。

涉县人民政府
2016年1月27日

— 1 —

涉县人民政府

涉政字〔2016〕122号

涉县人民政府
关于印发旱作梯田修复建设及保护发展
实施方案的通知

各乡镇人民政府，县政府有关部门，县对口有关单位：

《涉县旱作梯田修复建设及保护发展实施方案》已经县政府同意，现印发给你们，请认真贯彻落实。

涉县人民政府
2016年10月28日

1

促进遗产保护与管理的相关政策文件（涉县农业农村局／提供）

管理办法》和《涉县旱作梯田修复建设及保护发展实施方案》。

此外，遗产地成立了"涉县旱作梯田保护与利用协会"，促进了社区居民参与农业文化遗产保护与管理工作；成立了涉县梯田农业旅游开发有限公司，致力于梯田农产品开发和可持续旅游打造；与多家科研院校展开合作，为遗产保护与管理工作提供科学依据；联合人民日报、中国科学报等重要纸媒、新浪网等网络媒体，以图文报道的形式宣传介绍涉县旱作梯田系统。

在未来的保护与发展中，涉县还将成立农业文化遗产管理中心，修订农业文化遗产保护与利用管理办法，设立农业文化遗产保护与发展专项资金，进一步提升遗产地的农业文化遗产管理能力。

2. 加强遗产地生态保护，促进梯田修复建设

围绕梯田复垦、石堰修复、农田水利建设、村落风貌控制、农村环境整治等方面，遗产地开展了一系列生态保护行动。

2015年，在关防乡宋家村实施了传统建筑保护示范利用、防灾安全保障、历史环境要素修复、基础实施和环境改善、文物和非物质文化遗产保护利用等项目。2016年"7·19"特大暴雨后，涉县政

府颁布《涉县旱作梯田修复建设及保护发展实施方案》，全面整治和修复损毁的梯田，加强梯田环境保护，组织开展农田道路、主干排水渠、抗旱水窖、蓄水塘坝等基础设施建设。此外，多次对遗产地王金庄村展开村容村貌整治工作，规范了驴粪固定堆放点，及时清理道路上驴粪，减少了驴粪造成的环境污染和视觉污染以及驴粪气味挥发造成的负面影响。

在未来的保护与发展中，涉县将针对旱作梯田复垦与修复、农田水利建设、村落风貌控制、农村环境整治等出台管理细则，进一步落实遗产地生态保护行动、促进旱作梯田系统的生态保护。

3．挖掘传统文化资源，加强媒体宣传推介

通过开展征文大赛、摄影大赛、民俗文化展演、花椒采摘节等特色文化活动，遗产地充分挖掘旱作梯田的文化底蕴，展示旱作梯田的独特魅力。2016年5月，更乐镇举办有奖征文活动，面向社会征集以旱作梯田农耕文化、生产生活方式、传统民俗民风等为主题的作品共73篇，其中23篇作品获奖。2017年2月，井店镇在王金庄开展具有当地特色的“跑帷子”民间艺术活动，8月组织摄影爱好者到王金庄开展梯田采风活动，并在10月举办旱作梯田摄影作品展。

王金庄村春节社火宣传农业文化遗产
（涉县农业农村局／提供）

2018年8月，以“魅力乡村，椒香涉县”为主题的中国·涉县首届花椒采摘节在涉县井店镇刘家村正式开幕。活动持续10天，包括花椒采摘趣味赛、花椒加工企业展示（展销）、花椒文化摄影、亲子摘花椒、采摘体验

涉县旱作梯田入选100个休闲农业与乡村旅游精品景点暨首届农民丰收节庆祝活动（涉县农业农村局／提供）

观光游等内容。2018年10月，涉县县委县政府举办“涉县旱作梯田入选100个休闲农业与乡村旅游精品景点暨首届农民丰收节庆祝活动”，并对在农业工作中成绩突出的先进集体和先进个人进行表彰。

近年来，人民日报、中国科学报、农民日报、河北日报、邯郸日报等重要纸媒，新浪网、长城网、中国教育网等网络媒体多次以图文报道的形式介绍涉县旱作梯田的优美景观、独特文化以及保护与发展情况。涉县还借由电影、纪录片等影视作品形式，生动呈现遗产地的历史发展与风土人情，影视作品在CCTV-7、香港卫视等重要媒体一经播出，产生较大影响力，显著提升遗产地社会知名度。

《太行山下新涉县》纪录片介绍旱作梯田系统

纪录片《与驴为伴的人们》

（涉县农业农村局／提供）

未来，遗产地将有计划地对传统民俗活动进行恢复，进一步提高群众参与遗产保护工作的积极性和主动性；开展更加丰富多彩的文化活动和宣传活动，促进旱作梯田农耕文化的传承和普及；还将编写面向不同群体的科普读物，让遗产面向大众、贴近人民群众。

4. 发展特色生态农产品，加强遗产品牌建设

涉县县委县政府高度重视生态农产品的开发，积极促进遗产地特色农产品开展绿色和有机认证。“涉县核桃”“涉县花椒”“涉县柴胡”“涉县连翘”“涉县黑枣”先后获得地理标志保护产品认证，“涉县柴胡”“涉县连翘”先后取得国家地理证明商标注册。

“涉县柴胡”“涉县连翘”获国家地理标志保护产品认证

商标注册证

（地理标志证明商标）

涉县柴胡

涉县柴胡地理证明商标（涉县农业农村局/提供）

商标注册证

（地理标志证明商标）

涉县连翘

涉县连翘地理证明商标

按照“一产抓特色”的发展思路，涉县进一步壮大核桃、花椒、无公害蔬菜、中药材、特色养殖产业基地建设。2016—2017年，在后池村建设中药材科技示范基地600亩，利用石堰梯田种植木香、射干、芍药、金花葵和瓜蒌五个兼具药用及观赏性的中药材品种，不仅保护和利用了遗产地丰富的中药材品种资源，而且增加了农民收入、促进了观光农业发展。

为加强遗产品牌建设、提升农产品文化价值，通过考察评价先后授权涉县梯田旅游开发有限公司、河北乡惠农产品有限公司、涉县微米电子商务有限公司、涉县曹氏农业开发有限公司等10家企业在其传统特色农产品包装及特色旅游纪念品上使用中国重要农业文化遗产标志。

涉县后池村中药材种植科技示范园区
（涉县农业农村局／提供）

未来遗产地将进一步规范和完善生态农产品生产流程，进一步扩大生态农产品认证规模和数量，建立更多生态农产品生产示范基地；同时，加强遗产地农产品公共品牌的建设，制定遗产地农产品公共品牌使用管理办法。

梯田特色农产品（涉县农业农村局／提供）

5. 完善旅游产品与服务，促进休闲农业发展

近年来，遗产地逐步完善核心区域的基础设施建设，如在井店镇王金庄村隧道前沟建设“7·19”抗灾纪念广场；鼓励企业及村民建设具有本地特色的民宿，如井店镇刘家村打造的象牙山民宿；开展参观游览、采摘、休闲度假等多样化的旅游活动，如涉县首届花椒采摘节；与涉县梯田旅游开发有限公司等多家企业合作，开发

王金庄村“7·19”抗灾纪念广场
（涉县农业农村局／提供）

梯田农产品与特色旅游纪念品。此外，遗产地正在逐步恢复区域内传统古村落，努力实现旅游选择的多样化。2016年4～9月，为促进井店镇王金庄村传统村落的保护，实施石板街修复、艳阳天广场修建、基础设施改造等多个保护项目。

井店镇刘家村在打造象牙山民宿基础上，配套建成停车场、轱辘广场、刘园、农耕文化广场、水上栈道、金水河拱桥等多处旅游节点，2018年接待游客十万余人次，有效带动了村集体和群众的收入，受到河北卫视、邯郸日报、邯郸新闻频道、涉县广播电视台、涉县时讯等多家官方主流媒体关注。

井店镇刘家村象牙山民宿（涉县农业农村局/提供）

为确保遗产地旅游的可持续发展，计划编制《农业文化遗产可持续旅游规划》，加强遗产地旅游产品开发，培育具有本地特色的旅游品牌，开发遗产地旅游解说系统，完善遗产地旅游服务体系。

6. 加强社区能力建设，提升文化自信与自觉

涉县旱作梯田系统在社区建设方面已取得了些许成就。2017年在遗产地王金庄三街村成立“涉县旱作梯田保护与利用协会”，旨在弘扬涉县本土文化，促进涉县旱作梯田的保护与利用，推动农业增

效、农民增收与梯田可持续利用。协会由5名发起人联合50名关心关注涉县旱作梯田保护与发展的各界有识之士组成，是以旱作梯田保护与利用为宗旨的非营利性民间社团组织，并培育了基于社区的农业文化遗产保护与利用的志愿者队伍。

“涉县旱作梯田保护与利用协会”揭牌仪式
（涉县农业农村局／提供）

在协会的支持下，志愿者们对王金庄村梯田里的传统农作物品种进行了收集整理，对王金庄村24条大沟120余条小沟300多个地名进行了挖掘整理；王金庄村民成立了涉县微米电子商务有限公司，

志愿者们收集整理传统农作物种子（贺献林／摄）

志愿者们开展梯田调查（贺献林／摄）

拥有微信公众号、淘宝、微店等多互联网销售平台，实现了农产品线上和线下销售平台的结合。

遗产地还积极开展传统文化的梳理和展示工作，促进传统文化传承，提升村民文化自豪感。2016年3月至2017年4月，遗产地王金庄、宋家、前何、后何大洼等20个村开展村志编纂工作。2017年12月，遗产区井店镇禅房村、更乐镇大洼村开展村史馆建设。

未来，遗产地将围绕社区能力建设制订一系列计划，包括遴选和资助传统文化和传统技艺的传承人，组织志愿者队伍开展传统饮食保护等能力建设活动，向社区居民提供有机生产、可持续旅游、文化传承等方面的技能培训。

7. 建立产学研合作平台，促进保护经验交流

围绕涉县旱作梯田系统的生态保护、文化传承、产业发展等多个方面，来自中科院地理资源所、中国农业大学、内蒙古科技大学、河北农业大学、河北农林科学院、邯郸学院等科研院所的研究人员开展了一系列科学研究，取得了丰硕的研究成果，为涉县开展农业文化遗产保护与管理工作提供了重要科学依据。

中科院地理资源所研究团队在涉县开展工作（涉县农业农村局/提供）

中国农业大学农业文化遗产研习营（贺献林／摄）

涉县旱作梯田保护与发展暨申报全球农业文化遗产专家咨询会（涉县农业农村局／提供）

为借鉴农业文化遗产保护经验、提升农业文化遗产管理能力，涉县相关部门领导与工作人员多次赴其他遗产地访问学习，如2014年9月赴河北省张家口市宣化区学习“宣化城市传统葡萄园”保护经验，2014年10月赴云南省红河州学习“云南红河哈尼稻作梯田系统”保护经验等；多次参加全国范围的农业文化遗产保护与管理经验交流大会，如全球重要农业文化遗产工作交流会、全国农业文化遗产学术研讨会等；并多次举办专题讲座与专家咨询活动，如2016年1月举办“涉县旱作梯田保护与发展暨申报

全球农业文化遗产专家咨询会”，2018年1月举办“申报全球农业文化遗产启动仪式及专家讲座”等。

在未来的保护与发展中，遗产地将计划建立农业文化遗产保护与利用研究平台，进一步促进不同领域的研究团队开展合作研究；充分利用国内外农业文化遗产交流合作平台，邀请国内外专家学者指导涉县旱作梯田系统的保护与利用。

附录

河北涉县旱作梯田系统

附录1 大事记

- 公元前50万～40万年，新桥古人类从事采摘狩猎、打造石制品的活动。
- 公元前30万～20万年，西辽城古人类制造石片、石核、刮削器等。
- 公元前15万年，寨上村古人类打造石片、石核、刮削器等。
- 公元前7万年，偏店古人类打造多种精制石器。
- 公元前4 500～前3 000年，古人类在漳河附近从事原始农业生产。
- 公元前1 500～前1 300，涉县寨上的中商贵族用青铜钺象征王权。
- 公元前458～前499年，赵简子在涉县筑城屯兵，在远离漳河的山脚旱源区域开垦最初的旱作梯田。
- 秦始皇三十二年（前215年），秦“使黔首自食田”，涉县封建农业得到巩固。
- 汉（前202年）始置潞县，后因漳水东经，遂更名为涉县，耕地开发迅速向黄土旱源扩展。
- 汉武帝征和四年（前89年），搜粟都尉赵过推广牛耕，铁犁耕逐步兴起。
- 汉献帝建安九年（204年），涉长梁岐举县降曹，曹大举屯田，耕地面积扩大。
- 北魏天赐元年（404年）受旱灾和战争的严重影响，旱源农业生产破坏严重，县址迁至临水。
- 北魏永熙至东魏武定年间（532—544年），短辕犁逐步流行。

- 北周建德六年（577年），旱区农业生产得到恢复发展，临水县址移至涉城。
- 唐开元年间（713—741年），唐玄宗改革政治，发展农业生产。
- 明洪武元年至三年（1368—1370年），政府多次下令推广植棉，涉县棉花种植逐渐普及。
- 明永乐十年（1412年），全县桑枣35.7万株，是洪武二十四年（1391年）的10.5倍，软枣逐渐被列入重要果树树种。
- 清顺治十六年（1659年），花椒、柿饼成为涉县当家货物。
- 1954年6月，全县掀起以农业社为主体的选种热潮。
- 1958年7月，开展第一次土壤调查。
- 1961年5月，周恩来总理视察涉县沿头村食堂。
- 1970年11月，涉县掀起建设高产稳产田运动。
- 1984年9月，完成第二次土壤普查，编撰《涉县土壤志》。
- 2005年4月，涉县花椒生产标准化示范区被国家标准化管理委员会确定为第五批全国农业标准化示范区项目。
- 2005年11月，“涉县核桃”“涉县花椒”获国家地理标志产品保护产品。
- 2008年10月，涉县选送的优种核桃在第十二届中国（廊坊）农产品交易会上获金奖，并被授予“果王”称号。
- 2010年3月，“涉县核桃”“涉县花椒”被中国农产品区域公用品牌价值评估课题组专家评估，品牌价值分别为5.31亿元和3.16亿元。
- 2014年5月，河北涉县旱作梯田系统被农业部认定为第二批中国重要农业文化遗产。
- 2016年1月，涉县人民政府制定《河北涉县旱作梯田农业系统保护管理办法》。
- 2016年10月，在涉县召开第三届全国重要农业文化遗产学术

研讨会。

- 2017年5月，涉县县委县政府成立申报全球重要农业文化遗产领导小组，汪涛书记任组长。
- 2018年10月，举办涉县旱作梯田首届农民丰收节系列庆祝活动。
- 2019年6月2～4日，在涉县召开“涉县太行山旱作梯田申报全球重要农业文化遗产国际专家咨询研讨会”。

附录2 旅游资讯

（一）特色景区

1．娲皇宫景区

娲皇宫景区位于河北涉县索堡镇古中皇山，距离县城10千米。娲皇宫是传说中女娲抟土造人、炼石补天的地方，属于全国重点文物保护单位、国家级风景名胜区、国家AAAAA级景区，是中国现存最大的女娲祭祀地，被誉为“华夏祖庙”。

娲皇宫景区坐落在一万年前的新石器时代遗址上，占地面积5平方千米，由入口区、补天园、补天湖、娲皇宫、补天谷五部分组成。中心建筑娲皇宫，自汉代创建，分山上山下两部分。山下有朝阳宫、停骖宫、广生宫、吕仙祠等，向上绕行十八盘通往山上主体建筑娲皇阁处。山上建筑除主体建筑娲皇阁外还建有北齐石窟、梳妆楼、迎爽楼、钟楼、鼓楼、六角亭等。

北齐摩崖刻经、主体建筑娲皇阁、公祭女娲大典为景区三大精髓，分别以“天下第一壁经群”“活楼吊庙”“国家级非物质文化遗产”的殊荣享誉国内外。

娲皇阁（涉县文化广电和旅游局／提供）

2. 八路军一二九师司令部旧址景区

八路军一二九师司令部旧址景区位于涉县赤岸村，占地500余亩，含一二九师陈列馆、将军岭、太行颂文化园、红色记忆小镇等部分，统称为八路军一二九师纪念馆。

八路军一二九师司令部旧址属于全国重点文物保护单位、全国爱国主义教育示范基地、国家国防教育示范基地；一二九师司令部旧址景区属于国家AAAA级景区、国家风景名胜区、全国百个红色经典景区。

八路军一二九师司令部旧址景区
（涉县文化广电和旅游局／提供）

3. 太行五指山景区

太行五指山，坐地面积21平方千米，主峰海拔1 283米，山势巍峨俊秀，植被郁郁葱葱，以“雄、奇、险、秀”著称。山顶有一列3千米长的山峰，远望形似一巨佛平卧，特别是大佛的右脚趾，非常逼真，故得名五指山。

景区由森林公园、紫微山庄、高山草甸、五指山滑雪场、朝鲜义勇军总部旧址、采摘基地、峡谷漂流七部分组成，集自然风光、森林公园、红色旅游和人文景观为一体，是供游客观光游览、休闲度假、餐饮娱乐、享受健康生活的大型风景旅游胜地。

太行五指山景区
（涉县文化广电和旅游局／提供）

4．太行红河谷风景区

太行红河谷风景区（涉县文化广电和旅游局/提供）

太行红河谷旅游景区，以清漳河为纽带，携领两岸高山，像一幅巨型山水画卷在天地间展开。北起索堡镇，南至固新镇，逶迤25千米，总面积达125平方千米。景区既有乡村田园，又有河流湿地，既有文化古建筑，又有红色旧址。景点沿河点缀，常乐酒庄、知青文化园、九龙槐景区、晋冀鲁豫边区政府旧址、太行民俗小镇、药园花海、清漳河漂流、佰泉渔家、山水连泉、清泉寺、固新古槐等50多处景观节点，星罗棋布。娲皇宫、八路军一二九师纪念馆、太行五指山以及韩王山等景区拱卫左右，既相互呼应，又错落有致。

红河谷内有一条长18千米、宽9米的旅游环线，穿行在红花绿柳之间。车行其间，两岸青山如影，水村山郭如画，透着车窗就能感受到乡村的娴静与淡泊。顺着通天路盘直上韩王山顶，沿途体验高山深壑之险，看云海波涛，观长河落日，感受河山之壮美。徒步其间，一路鲜花没脚，花香缠绕，鸟语左右，举步有景观，抬足尽美色，山光水色皆入梦，柳墨林廊尽画图。

5．韩王九寨风景区

韩王山因汉代名将韩信曾屯兵于此而得名，坐地30平方千米，最高峰海拔1 191米，是涉县东部诸山之鼻祖。韩王山巍峨险峻，古木参天，百鸟齐鸣，气候宜人。每逢阴雨天气，山顶云遮雾绕，蔚为壮观，素有“韩山戴雨”之美誉，是涉县有名的“古八景”之一。景区道路四通八达，景点星罗棋布，漫步其间，可谓移步换景，美轮美奂。登山顶遥望四方，更是群山朝贺，漳河蜿蜒，气度非凡。

韩王山在涉县又叫东山，以“清、净、绿、凉”远近闻名，四季美景各不相同：春日，山花烂漫，生机勃发；夏季，绿荫遮翠，凉爽宜人；秋来，山果渐熟，层林尽染；入冬，林寒涧肃，白雪皑皑。不同季节，不同感受。东山还有“东山再起”的意思。人的一生总有许多艰难坎坷，当你身处逆境，事业或情感受挫，建议来东山转转。这里壮美的自然风光，淳朴的民风乡情，定会让你疲惫的身心得到慰藉，思想得到启迪，重新获得前行的勇气和力量。回去以后，说不定就会柳暗花明、峰回路转，早日走出人生的低谷。

韩王九寨风景区
（涉县文化广电和旅游局/提供）

6. 太行多彩梯田风景区

中国北方第一旱作梯田景区，包括涉县的井店镇王金庄、更乐镇张家庄、关防乡后池村等多个村镇，占地300多平方千米，文化底蕴深厚。一是山水文化，青山对峙，溪水长流，风光旖旎；二是民居文化，石街石巷，石房石院，古色古香，自然古朴；三是梯田文化，这里的梯田层层叠叠，遍布群山峻岭，规模宏大，被世人惊叹，梯田上广泛种植着花椒树，大红袍有“十里香”之美

雪中的旱作梯田
（涉县文化广电和旅游局/提供）

誉，销往世界各地；四是毛驴文化，驴是当地必不可少的生产工具，梯田耕作，驮运物品，毛驴一年四季都在忙碌之中，它们的任劳任怨和温顺性格与人们结下深厚情感，被当地人当作家里的“一口人”，把毛驴的地位放得很高；五是饮食文化，这里的地方饭食食材都是绿色产品，做成的小米焖饭、抿节、椒芽菜、柿子抹窝头、韭菜花、菜锅小卷、手擀面等别具特色，百吃不厌。

这里是现代都市人渴望的慢节奏田园生活居住地，自然生态优美，地方美食诱人，让人们身心得到放松，提升生活质量，提升幸福感。

（二）饮食特产

1. 软柿子抹窝头

做法为：玉米面沸水和团，捏成圆饼形状，然后煮熟或蒸熟，食用时在窝饼上摊柿子一起吃，甜爽可口。为了防止柿子滑掉，人们还将柿子捏成窠篓状，把柿子放在里面吃。民间流传着“软柿子抹窝子，顶个火锅子”的说法。

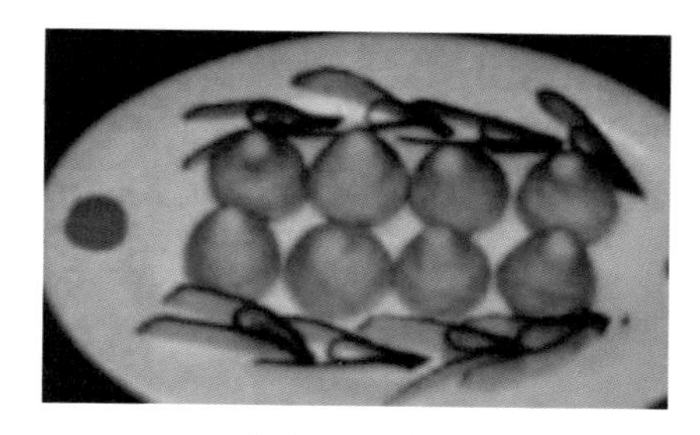

软柿子抹窝头
（涉县文化广电和旅游局/提供）

2. 抿节

做法是：用沸水将胡萝卜条、扁豆角丝等蔬菜煮熟，以杂豆面、玉米面和少许白面和团，在抿节床上（一块打满小孔的铁皮板）用手将面团自小孔抿入锅内，而后以葱与食盐作为“调花”烹入锅里即成。

抿节（涉县文化广电和旅游局/提供）

3．小米焖饭

做法有两种：一是将白菜、土豆、茄子等切块放入锅里炒制，加盐加水后再将小米放入，一齐煮沸焖熟，吃的时候不需要另外配菜，美味可口；二是纯小米焖饭，配以炒胡萝卜条、土豆丝、山上采的野韭花或农家自制的酸菜。小米焖饭就胡萝卜条在涉县民间被称为“金米捞饭人参菜”。小米饭配酸菜好吃开胃，小米焖饭就野韭花别有风味，如果配上青花椒汁，味道更佳。

小米焖饭
（涉县文化广电和旅游局/提供）

4．菜锅小卷

菜锅小卷的主要材料就是蔬菜和小卷。蔬菜是西红柿、茄子、豆角、土豆等；小卷是用面粉加水搓揉成面团，擀成片后放油、

菜锅小卷
（涉县文化广电和旅游局/提供）

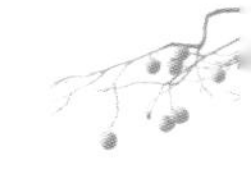

芝麻面、盐等，然后卷起来用刀切成段。把所有蔬菜切块放入锅中炒制，加入适量的水，不要没过蔬菜。而后将备好的小卷放进去并盖好锅盖，开大火蒸15分钟即可出锅，将蔬菜和小卷拌在一起即可食用。

5．核桃仁食品

涉县百姓几乎家家都有核桃树，喜欢用核桃仁制作包子、卤面、烙饼等食物，吃起来又香又甜。每逢八月十五，涉县百姓用核桃仁做月饼，不油不腻，百吃不厌。

核桃点心（涉县文化广电和旅游局／提供）

6．凉粉

涉县凉粉的种类主要有红薯凉粉和绿豆凉粉两种，其做法为：选择相应的淀粉，与清水混合，比例为1：4到1：5，将淀粉液放到锅中，开小火煮并不停地搅拌，待完全凝固成透明的胶状后立刻关火，放入容器内，晾凉后盖好盖子冷藏2小时以上。将冷藏好的凉粉扣在菜板上，切成条状，放在盘中，上面放黄瓜丝、荠菜、蒜末和调味料等拌匀即可享用。

绿豆凉粉（涉县文化广电和旅游局／提供）

（三）特色物产

1．核桃

涉县核桃（涉县农业农村局／提供）

涉县盛产核桃，历史悠久。以其产量高、品质优，被评为“中华名果”，获得中国国家地理标志产品称号，涉县也被誉为“中国核桃之乡”。

涉县核桃以皮薄、仁满、色泽金黄，含油量（达60%左右）高而远近闻名。核桃含有丰富的蛋白质、脂肪、钙、磷、铁、钾以及胡萝卜素、维生素等。长期食用具有保健医疗的功效。除生食外，可作糕点、糖果的原料，还可用来榨油。核桃仁性甘温，对某些疾病疗效甚佳。据《本草纲目》记载，它可“补养气血，悠久润燥化痰，益命门，利三焦，温肺润肠”。

涉县核桃加工的核桃油、核桃仁罐头等，远销世界各地。

2．花椒

涉县花椒以其历史长、产量大、品种多、品种优著称，已被国家质检总局批准为地理标志保护产品。涉县被命名为“中国调味品辅料（花椒）种植基地”“中国花椒之乡”。

涉县花椒色泽鲜艳、粒大皮厚、颗粒均匀、椒麻突出、含油量高、香味浓郁，是享誉全国的名优产品。除大批量销往中国各地外，还出口世界各地。

涉县花椒用途广泛。其果皮中含有大量挥发性芳香油，是制作香精的原料；其麻辣清香的口感，又是很好的调味佳品，能去腥膻，开胃健脾，麻香宜人。种子含有丰富的脂肪和多种维生素，能榨油，出油率达25%～30%。花椒油色清味浓，可食用也可做工业用油。涉县花椒又是贵重的药材，有除湿散寒、理气止痛、明目生发、消食暖胃、消毒杀虫灭菌等作用，常用于治疗慢性胃炎、霍乱、牙痛等症状。嫩芽、幼叶可腌食或炒菜，均有丰富的营养和独特的风味。

涉县花椒（涉县农业农村局／提供）

3．柿子

涉县柿子又称满地红、绵柿等，是河北省柿树中之良种。它具有皮薄、肉细、个大丰满、色泽红艳、丰腴多汁、醇甜如蜜、软绵适口等特点。柿子营养丰富，含糖量高达15%以上，还含有多种维生素和钙、磷、铁、钾等多种矿物质和蛋白质。柿果晒干后与杂粮混合磨成的沙面香甜可口，可做主食。

柿子除鲜食外，还可以加工成柿饼、柿醋、柿条、柿密、柿糖、柿脯等。以柿果为原料，又可制成柿酒、柿醋、柿子饮料和柿叶茶，风味独特。此外，柿果或以其为原料加工成的食品，柿果具有补脾健胃、润肺止咳、医治牙龈出血、贫血、甲状腺肿大和降低血压等功能。柿霜可治喉痛、咽干、口疮等。柿叶可加工成柿茶，长期喝此茶，可助消化、预防癌症等。

涉县柿子（涉县农业农村局/提供）

（四）推荐路线

1. 路线一

赤水湾涉县游客中心—娲皇宫景区——一二九师司令部旧址景区—太行五指山景区。

2. 路线二

太行红河谷景区（太行民俗小镇、九龙槐、江南水乡、鲟鱼养殖园、欧情酒庄、知青文化园、玻璃栈桥、水车王、乐悠悠幸福花海、蓝精灵欢乐岛、将军情怀品酒吧、药园花海、佰泉渔村）—韩王九寨景区（汉寨、秦寨、敬王台、韩王观日台、揽胜阁、狐仙月季园、绿建方舟、火车乐园、湿地公园等）。

3. 路线三

太行多彩梯田（王金庄梯田、王金庄民居、青阳山、莲花谷、九峰山、盘龙山庄、吕祖祠）—后池愚公新村（桃花山、先锋岭、通天路）。

4. 路线四

太行红叶大峡谷（青塔湖、庄子岭、石峰森林、黑龙洞、江家大院、刘家寨等）。

5. 路线五

团结湖小三峡（漳河落涧、长生寺、涂家坟、漳河源、老爷山、固新古槐、黄花山、清泉寺、熊耳寺等）。

附录3 全球/中国重要农业文化遗产名录

1. 全球重要农业文化遗产

2002年，联合国粮食及农业组织（FAO）发起了全球重要农业文化遗产（Globally Important Agricultural Heritage Systems, GIAHS）保护倡议，旨在建立全球重要农业文化遗产及其有关的景观、生物多样性、知识和文化保护体系，并在世界范围内得到认可与保护，使之成为可持续管理的基础。

按照FAO的定义，GIAHS是“农村与其所处环境长期协同进化和动态适应下所形成的独特的土地利用系统和农业景观，这些系统与景观具有丰富的生物多样性，而且可以支撑当地社会经济与文化发展的需要，有利于促进区域可持续发展。”

截至2020年4月，FAO共认定59项全球重要农业文化遗产，分布在22个国家，其中中国有15项。

全球重要农业文化遗产（59项）

序号	区域	国家	系统名称	FAO批准年份
1	亚洲（9国、40项）	中国（15项）	中国浙江青田稻鱼共生系统 Qingtian Rice-fish Culture System, China	2005
2			中国云南红河哈尼稻作梯田系统 Honghe Hani Rice Terraces System, China	2010

（续）

序号	区域	国家	系统名称	FAO 批准年份
3	亚洲（9 国、40 项）	中国（15 项）	中国江西万年稻作文化系统 Wannian Traditional Rice Culture System, China	2010
4			中国贵州从江侗乡稻鱼鸭系统 Congjiang Dong's Rice-fish-duck System, China	2011
5			中国云南普洱古茶园与茶文化系统 Pu'er Traditional Tea Agrosystem, China	2012
6			中国内蒙古敖汉旱作农业系统 Aohan Dryland Farming System, China	2012
7			中国河北宣化城市传统葡萄园 Urban Agricultural Heritage of Xuanhua Grape Gardens, China	2013
8			中国浙江绍兴会稽山古香榧群 Shaoxing Kuaijishan Ancient Chinese Torreya, China	2013
9			中国陕西佳县古枣园 Jiaxian Traditional Chinese Date Gardens, China	2014
10			中国福建福州茉莉花与茶文化系统 Fuzhou Jasmine and Tea Culture System, China	2014
11			中国江苏兴化垛田传统农业系统 Xinghua Duotian Agrosystem, China	2014
12			中国甘肃迭部扎尕那农林牧复合系统 Diebu Zhagana Agriculture-forestry-animal Husbandry Composite System, China	2018
13			中国浙江湖州桑基鱼塘系统 Huzhou Mulberry-dyke and Fish-pond System, China	2018
14			中国南方山地稻作梯田系统 Rice Terraces System in Southern Mountainous and Hilly Areas, China	2018

（续）

序号	区域	国家	系统名称	FAO 批准年份
15	亚洲（9 国、40 项）	中国（15 项）	中国山东夏津黄河故道古桑树群 Traditional Mulberry System in Xiajin's Ancient Yellow River Course, China	2018
16		菲律宾（1 项）	菲律宾伊富高稻作梯田系统 Ifugao Rice Terraces, Philippines	2005
17		印度（3 项）	印度藏红花农业系统 Saffron Heritage of Kashmir, India	2011
18			印度科拉普特传统农业系统 Koraput Traditional Agriculture Systems, India	2012
19			印度喀拉拉邦库塔纳德海平面下农耕文化系统 Kuttanad Below Sea Level Farming System, India	2013
20		日本（11 项）	日本金泽能登半岛山地与沿海乡村景观 Noto's Satoyama and Satoumi, Japan	2011
21			日本新潟佐渡岛稻田—朱鹮共生系统 Sado's Satoyama in Harmony with Japanese Crested Ibis, Japan	2011
22			日本静冈传统茶—草复合系统 Traditional Tea-grass Integrated System in Shizuoka, Japan	2013
23			日本大分国东半岛林—农—渔复合系统 Kunisaki Peninsula Usa Integrated Forestry, Agriculture and Fisheries System, Japan	2013
24			日本熊本阿苏可持续草原农业系统 Managing Aso Grasslands for Sustainable Agriculture, Japan	2013
25			日本岐阜长良川香鱼养殖系统 The Ayu of Nagara River System, Japan	2015

（续）

序号	区域	国家	系统名称	FAO 批准年份
26	亚洲（9 国、40 项）	日本（11 项）	日本宫崎高千穗－椎叶山山地农林复合系统 Takachihogo-shiibayama Mountainous Agriculture and Forestry System, Japan	2015
27			日本和歌山南部－田边梅子生产系统 Minabe-Tanabe Ume System, Japan	2015
28			日本宫城尾崎基于传统水资源管理的可持续农业系统 Osaki Kôdo's Sustainable Agriculture System Based on Traditional Water Management, Japan	2018
29			日本德岛 Nishi−Awa 地域山地陡坡农作系统 Nishi-Awa Steep Slope Land Agriculture System, Japan	2018
30			日本静冈传统山葵种植系统 Traditional Wasabi Cultivation in Shizuoka, Japan	2018
31		韩国（4 项）	韩国济州岛石墙农业系统 Jeju Batdam Agricultural System, Korea	2014
32			韩国青山岛板石梯田农作系统 Traditional Gudeuljang Irrigated Rice Terraces in Cheongsando, Korea	2014
33			韩国花开传统河东茶农业系统 Traditional Hadong Tea Agrosystem in Hwagae-myeon, Korea	2017
34			韩国锦山传统人参种植系统 Geumsan Traditional Ginseng Agricultural System, Korea	2018
35		斯里兰卡（1 项）	斯里兰卡干旱地区梯级池塘－村庄系统 The Cascaded Tank-village Systems in the Dry Zone of Sri Lanka	2017

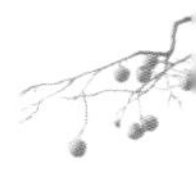

（续）

序号	区域	国家	系统名称	FAO 批准年份
36	亚洲（9国、40项）	孟加拉国（1项）	孟加拉国浮田农作系统 Floating Garden Agricultural System, Bangladesh	2015
37		阿联酋（1项）	阿联酋艾尔－里瓦绿洲传统椰枣种植系统 Al Ain and Liwa Historical Date Palm Oases, the United Arab Emirates	2015
38		伊朗（3项）	伊朗喀山坎儿井灌溉系统 Qanat Irrigated Agricultural Heritage Systems of Kashan, Iran	2014
39			伊朗乔赞葡萄生产系统 Grape Production System and Grape-based Products, Iran	2018
40			伊朗戈纳巴德基于坎儿井灌溉藏红花种植系统 Qanat-based Saffron Farming System in Gonabad, Iran	2018
41	非洲（6国、8项）	阿尔及利亚（1项）	阿尔及利亚埃尔韦德绿洲农业系统 Ghout System, Algeria	2005
42		突尼斯（1项）	突尼斯加法萨绿洲农业系统 Gafsa Oases, Tunisia	2005
43		肯尼亚（1项）	肯尼亚马赛草原游牧系统 Oldonyonokie/Olkeri Maasai Pastoralist Heritage Site, Kenya	2008
44		坦桑尼亚（2项）	坦桑尼亚马赛草原游牧系统 Engaresero Maasai Pastoralist Heritage Area, Tanzania	2008
45			坦桑尼亚基哈巴农林复合系统 Shimbwe Juu Kihamba Agro-forestry Heritage Site, Tanzania	2008

（续）

序号	区域	国家	系统名称	FAO 批准年份
46	非洲（6 国、8 项）	摩洛哥（2 项）	摩洛哥阿特拉斯山脉绿洲农业系统 Oases System in Atlas Mountains, Morocco	2011
47			摩洛哥索阿卜－曼苏尔农林牧复合系统 Argan-based Agro-sylvo-pastoral System within the Area of Ait Souab-Ait and Mansour, Morocco	2018
48		埃及（1 项）	埃及锡瓦绿洲椰枣生产系统 Dates Production System in Siwa Oasis, Egypt	2016
49	欧洲（3 国、7 项）	西班牙（4 项）	西班牙拉阿哈基亚葡萄干生产系统 Malaga Raisin Production System in La Axarquía, Spain	2017
50			西班牙阿尼亚纳海盐生产系统 The Agricultural System of Valle Salado de Añana, Spain	2017
51			西班牙塞尼亚古橄榄树农业系统 The Agricultural System Ancient Olive Trees Territorio Sénia, Spain	2018
52			西班牙瓦伦西亚传统灌溉农业系统 Historical Irrigation System at Horta of Valencia, Spain	2019
53		意大利（2 项）	意大利阿西西－斯波莱托陡坡橄榄种植系统 Olive Groves of the Slopes between Assisi and Spoleto, Italy	2018
54			意大利索阿维传统葡萄园 Soave Traditional Vineyards, Italy	2018
55		葡萄牙（1 项）	葡萄牙巴罗佐农林牧复合系统 Barroso Agro-sylvo-pastoral System, Portugal	2018
56	美洲（4 国、4 项）	智利（1 项）	智利智鲁岛屿农业系统 Chiloé Agriculture, Chile	2005

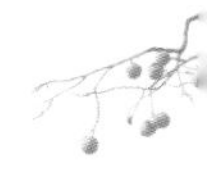

（续）

序号	区域	国家	系统名称	FAO 批准年份
57	美洲（4国、4项）	秘鲁（1项）	秘鲁安第斯高原农业系统 Andean Agriculture, Peru	2005
58		墨西哥（1项）	墨西哥传统架田农作系统 Chinampa Agricultural System of Mexico City, Mexico	2017
59		巴西（1项）	巴西米纳斯吉拉斯埃斯皮尼亚山南部传统农业系统 Traditional Agricultural System in the Southern Espinhaço Range, Minas Gerais, Brazil	2020

2. 中国重要农业文化遗产

我国有着悠久灿烂的农耕文化历史，劳动人民在长期的生产活动中创造了种类繁多、特色明显、经济与生态价值高度统一的重要农业文化遗产，至今依然具有重要的历史文化价值和现实意义。农业农村部于2012年开展中国重要农业文化遗产发掘与保护工作，旨在加强我国重要农业文化遗产价值的认识，促进遗产地生态保护、文化传承和经济发展。

中国重要农业文化遗产是指“人类与其所处环境长期协同发展中，创造并传承至今的独特的农业生产系统，这些系统具有丰富的农业生物多样性、传统知识与技术体系和独特的生态与文化景观等，对我国农业文化传承、农业可持续发展和农业功能拓展具有重要的科学价值和实践意义”。

截至2020年4月，全国共有5批118项传统农业系统被认定为中国重要农业文化遗产。

中国重要农业文化遗产（118项）

序号	省份	系统名称	批准年份
1	北京（2项）	北京平谷四座楼麻核桃生产系统	2015
2		北京京西稻作文化系统	2015
3	天津（2项）	天津滨海崔庄古冬枣园	2014
4		天津津南小站稻种植系统	2020
5	河北（5项）	河北宣化城市传统葡萄园	2013
6		河北宽城传统板栗栽培系统	2014
7		河北涉县旱作梯田系统	2014
8		河北迁西板栗复合栽培系统	2017
9		河北兴隆传统山楂栽培系统	2017
10	山西（1项）	山西稷山板枣生产系统	2017
11	内蒙古（4项）	内蒙古敖汉旱作农业系统	2013
12		内蒙古阿鲁科尔沁草原游牧系统	2014
13		内蒙古伊金霍洛农牧生产系统	2017
14		内蒙古乌拉特后旗戈壁红驼牧养系统	2020
15	辽宁（4项）	辽宁鞍山南果梨栽培系统	2013
16		辽宁宽甸柱参传统栽培体系	2013
17		辽宁桓仁京租稻栽培系统	2015
18		辽宁阜蒙旱作农业系统	2020
19	吉林（3项）	吉林延边苹果梨栽培系统	2015
20		吉林柳河山葡萄栽培系统	2017
21		吉林九台五官屯贡米栽培系统	2017
22	黑龙江（2项）	黑龙江抚远赫哲族鱼文化系统	2015
23		黑龙江宁安响水稻作文化系统	2015
24	江苏（6项）	江苏兴化垛田传统农业系统	2013
25		江苏泰兴银杏栽培系统	2015
26		江苏高邮湖泊湿地农业系统	2017
27		江苏无锡阳山水蜜桃栽培系统	2017
28		江苏吴中碧螺春茶果复合系统	2020
29		江苏宿豫丁嘴金针菜生产系统	2020

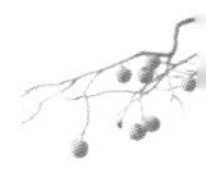

（续）

序号	省份	系统名称	批准年份
30	浙江（12 项）	浙江青田稻鱼共生系统	2013
31		浙江绍兴会稽山古香榧群	2013
32		浙江杭州西湖龙井茶文化系统	2014
33		浙江湖州桑基鱼塘系统	2014
34		浙江庆元香菇文化系统	2014
35		浙江仙居杨梅栽培系统	2015
36		浙江云和梯田农业系统	2015
37		浙江德清淡水珍珠传统养殖与利用系统	2017
38		浙江宁波黄古林蔺草－水稻轮作系统	2020
39		浙江安吉竹文化系统	2020
40		浙江黄岩蜜橘筑墩栽培系统	2020
41		浙江开化山泉流水养鱼系统	2020
42	安徽（4 项）	安徽寿县芍陂（安丰塘）及灌区农业系统	2015
43		安徽休宁山泉流水养鱼系统	2015
44		安徽铜陵白姜种植系统	2017
45		安徽黄山太平猴魁茶文化系统	2017
46	福建（4 项）	福建福州茉莉花与茶文化系统	2013
47		福建尤溪联合梯田	2013
48		福建安溪铁观音茶文化系统	2014
49		福建福鼎白茶文化系统	2017
50	江西（6 项）	江西万年稻作文化系统	2013
51		江西崇义客家梯田系统	2014
52		江西南丰蜜橘栽培系统	2017
53		江西广昌传统莲作文化系统	2017
54		江西泰和乌鸡林下养殖系统	2020
55		江西横峰葛栽培系统	2020
56	山东（5 项）	山东夏津黄河故道古桑树群	2014
57		山东枣庄古枣林	2015
58		山东乐陵枣林复合系统	2015
59		山东章丘大葱栽培系统	2017
60		山东岱岳汶阳田农作系统	2020

（续）

序号	省份	系统名称	批准年份
61	河南（3项）	河南灵宝川塬古枣林	2015
62		河南新安传统樱桃种植系统	2017
63		河南嵩县银杏文化系统	2020
64	湖北（2项）	湖北羊楼洞砖茶文化系统	2014
65		湖北恩施玉露茶文化系统	2015
66	湖南（7项）	湖南新化紫鹊界梯田	2013
67		湖南新晃侗藏红米种植系统	2014
68		湖南新田三味辣椒种植系统	2017
69		湖南花垣子腊贡米复合种养系统	2017
70		湖南安化黑茶文化系统	2020
71		湖南保靖黄金寨古茶园与茶文化系统	2020
72		湖南永顺油茶林农复合系统	2020
73	广东（3项）	广东潮安凤凰单丛茶文化系统	2014
74		广东佛山基塘农业系统	2020
75		广东岭南荔枝种植系统（增城、东莞）	2020
76	广西（4项）	广西龙胜龙脊梯田	2014
77		广西隆安壮族“那文化”稻作文化系统	2015
78		广西恭城月柿栽培系统	2017
79		广西横县茉莉花复合栽培系统	2020
80	海南（2项）	海南海口羊山荔枝种植系统	2017
81		海南琼中山兰稻作文化系统	2017
82	重庆（3项）	重庆石柱黄连生产系统	2017
83		重庆大足黑山羊传统养殖系统	2020
84		重庆万州红桔栽培系统	2020
85	四川（8项）	四川江油辛夷花传统栽培体系	2014
86		四川苍溪雪梨栽培系统	2015
87		四川美姑苦荞栽培系统	2015
88		四川盐亭嫘祖蚕桑生产系统	2017
89		四川名山蒙顶山茶文化系统	2017
90		四川郫都林盘农耕文化系统	2020
91		四川宜宾竹文化系统	2020
92		四川石渠扎溪卡游牧系统	2020

（续）

序号	省份	系统名称	批准年份
93	贵州（4项）	贵州从江侗乡稻鱼鸭系统	2013
94		贵州花溪古茶树与茶文化系统	2015
95		贵州锦屏杉木传统种植与管理系统	2020
96		贵州安顺屯堡农业系统	2020
97	云南（7项）	云南红河哈尼稻作梯田系统	2013
98		云南普洱古茶园与茶文化系统	2013
99		云南漾濞核桃－作物复合系统	2013
100		云南广南八宝稻作生态系统	2014
101		云南剑川稻麦复种系统	2014
102		云南双江勐库古茶园与茶文化系统	2015
103		云南腾冲槟榔江水牛养殖系统	2017
104	陕西（4项）	陕西佳县古枣园	2013
105		陕西凤县大红袍花椒栽培系统	2017
106		陕西蓝田大杏种植系统	2017
107		陕西临潼石榴种植系统	2020
108	甘肃（4项）	甘肃迭部扎尕那农林牧复合系统	2013
109		甘肃皋兰什川古梨园	2013
110		甘肃岷县当归种植系统	2014
111		甘肃永登苦水玫瑰农作系统	2015
112	宁夏（3项）	宁夏灵武长枣种植系统	2014
113		宁夏中宁枸杞种植系统	2015
114		宁夏盐池滩羊养殖系统	2017
115	新疆（4项）	新疆吐鲁番坎儿井农业系统	2013
116		新疆哈密哈密瓜栽培与贡瓜文化系统	2014
117		新疆奇台旱作农业系统	2015
118		新疆伊犁察布查尔布哈农业系统	2017